AUTOMATIZACIÓN Y ROBÓTICA PARA ENTUSIASTAS

Arturo Camacho

Automatización y Robótica para Entusiastas

1a edición: mayo 2024

© 2024 Arturo Camacho. Todos los derechos reservados.

Ningún fragmento de este texto puede ser reproducido, transmitido ni digitalizado sin la autorización expresa del autor. La distribución de este libro a través del Internet o de cualquier otra vía sin el permiso del autor es ilegal y perseguible por la ley. Está totalmente prohibido registrar esta publicación.

Foto autor contracubierta: Andreina Camacho

Diseño Cubierta: Andreina Camacho

Ediciones Mente Abierta Libros

Av.11. Alto Prado. Caracas 1080, Venezuela

Versión Paperback – ISBN: 979-8- 3253443-2-9

MENTE ABIERTA LIBROS

Automatización y Robótica para Entusiastas

TABLA DE CONTENIDO

I. VISIÓN GENERAL 4

II. PROYECTOS CON MICROCONTROLADORES 98

III. REDES IOT Y COMUNICACIÓN REMOTA 112

IV. VISUALIZACIÓN Y ANÁLISIS DE DATOS 131

V. INTEGRACIÓN CON RASPBERRY PI 147

VI. APLICACIONES AVANZADAS 167

VII. PROYECTOS PRÁCTICOS 186

I. VISIÓN GENERAL

La automatización y la robótica han transformado la forma en que vivimos y trabajamos, generando cambios que abarcan desde la industria hasta el hogar. Sus raíces pueden remontarse a la Revolución Industrial, cuando las primeras máquinas reemplazaron la mano de obra manual. Con el tiempo, las tecnologías de automatización evolucionaron para incluir la fabricación en masa, las cadenas de montaje y la programación de controladores lógicos. Hoy en día, la automatización es un elemento esencial en industrias como la manufactura, la agricultura, la logística y la salud, permitiendo una mayor eficiencia y precisión en la producción de bienes y servicios.

La robótica, un campo que comenzó con aplicaciones militares y de investigación científica, ha recorrido un largo camino para llegar a la vida cotidiana. Desde brazos robóticos que ensamblan vehículos hasta robots autónomos que recorren los almacenes, los sistemas robóticos son parte integral de los procesos de producción modernos. Además, la robótica de servicio está revolucionando campos como la medicina y la atención al cliente.

El Internet de las cosas (IoT) ha impulsado aún más la automatización al permitir que miles de dispositivos estén conectados a través de la nube. Los sensores recopilan datos en tiempo real, mientras que los actuadores responden a estos datos para ejecutar acciones, como regular la temperatura, activar alarmas o encender luces. Los sistemas de monitoreo remoto y las plataformas en la nube brindan acceso a la información desde cualquier lugar, permitiendo a los usuarios supervisar y controlar sus dispositivos de forma eficaz.

Las plataformas de hardware como Arduino, ESP32 y Raspberry Pi han hecho que la automatización sea accesible para un público más amplio. Arduino y ESP32 son microcontroladores que se pueden programar para responder a entradas específicas, como la detección de movimiento o la temperatura. Raspberry Pi, una microcomputadora completa, es ideal para aplicaciones de procesamiento de datos, como servidores web y sistemas de reconocimiento facial. Juntos, estos dispositivos permiten la creación de soluciones personalizadas que pueden satisfacer una amplia variedad de necesidades.

A pesar de los avances, la automatización plantea desafíos significativos, como el impacto en el empleo y la privacidad. A medida que las máquinas asumen más tareas, los trabajadores deben adaptarse para adquirir nuevas habilidades. La privacidad es otra preocupación, ya que los dispositivos conectados recopilan grandes cantidades de datos personales.

Mirando hacia el futuro, la inteligencia artificial (IA) y el aprendizaje automático (machine learning) están preparados para redefinir la automatización y la robótica. Los sistemas autónomos, como los vehículos sin conductor, los drones y los robots de limpieza, son cada vez más comunes. Además, los robots colaborativos, o "cobots", están diseñados para trabajar junto a las personas, combinando la destreza humana con la eficiencia robótica.

En última instancia, la automatización y la robótica seguirán transformando la sociedad, proporcionando nuevas oportunidades para mejorar la eficiencia, reducir los costos y ampliar las capacidades humanas.

Evolución Histórica de la Automatización y la Robótica

La evolución de la automatización y la robótica ha sido una historia fascinante de innovación que ha transformado la forma en que producimos, trabajamos y vivimos. Desde las primeras máquinas hasta los robots modernos, el progreso en este campo ha seguido el desarrollo de la tecnología y las necesidades humanas.

REVOLUCIÓN INDUSTRIAL (SIGLOS XVIII-XIX):

La primera gran ola de automatización comenzó con la Revolución Industrial. Durante esta época, las máquinas reemplazaron la fuerza manual en la producción de textiles y otros bienes. Los telares mecánicos, como el inventado por Edmund Cartwright, y la máquina de hilar de Richard Arkwright permitieron una producción mucho más rápida y eficiente. El desarrollo del motor a vapor por James Watt proporcionó energía para estas máquinas, cambiando radicalmente la forma de trabajar.

CONTROL AUTOMÁTICO Y ELECTRIFICACIÓN (SIGLO XX):

La segunda fase de automatización se produjo a comienzos del siglo XX, con el surgimiento de la electrificación y el control automático. Los sistemas eléctricos reemplazaron a los de vapor, y la electricidad permitió la operación de líneas de montaje en fábricas. Henry Ford introdujo la cadena de montaje en la producción de automóviles, revolucionando la fabricación y estableciendo un modelo que sería ampliamente adoptado. Al mismo tiempo, el desarrollo de sistemas de control automático por parte de Nikola Tesla, William S. McCulloch, y otros científicos, dio lugar a los primeros sistemas mecánicos automáticos.

ERA DE LA COMPUTACIÓN Y ROBOTS INDUSTRIALES (2DA MITAD DEL SIGLO XX):

En la segunda mitad del siglo XX, la automatización experimentó un cambio radical con la introducción de la computación. Las primeras computadoras se utilizaron para controlar maquinaria, permitiendo una programación más precisa. Los robots industriales, como el Unimate desarrollado por George Devol y Joseph Engelberger, comenzaron a utilizarse en las cadenas de montaje de las fábricas. Esto permitió una fabricación flexible, donde un solo robot podía realizar múltiples tareas.

ERA DIGITAL Y ROBÓTICA AVANZADA (FINALES DEL SIGLO XX Y SIGLO XXI):

La automatización y la robótica continuaron evolucionando con la llegada de la era digital. Los controladores lógicos programables (PLC) reemplazaron los antiguos relés, permitiendo un control digital más flexible en la industria. Los sensores avanzados mejoraron la precisión y la capacidad de recopilar datos.

El Internet de las cosas (IoT) y la inteligencia artificial (IA) han impulsado una nueva era de automatización. Los robots industriales están integrados en redes que permiten un monitoreo en tiempo real y la toma de decisiones automatizada. Los robots autónomos y la robótica de servicio han comenzado a integrarse en la vida cotidiana, con aplicaciones en la logística, la salud, la agricultura y el hogar.

La evolución de la automatización y la robótica ha estado marcada por hitos en la tecnología, desde la Revolución Industrial hasta la era digital. Las máquinas han cambiado la forma en que producimos bienes y servicios, abriendo un camino hacia el futuro, donde los sistemas automatizados serán cada vez más inteligentes y adaptativos, colaborando con los humanos para resolver problemas complejos.

Principales Tecnologías de la Automatización y Robótica

La automatización y la robótica abarcan una amplia gama de tecnologías que han evolucionado a lo largo del tiempo para cubrir múltiples aplicaciones. Estos son algunos de los componentes y sistemas clave que han dado forma a la industria y a nuestra vida diaria:

CONTROLADORES LÓGICOS PROGRAMABLES (PLC):

Los controladores lógicos programables (PLC) son computadoras industriales especializadas que se utilizan para automatizar procesos en instalaciones industriales y plantas de producción. Los PLC fueron desarrollados a finales de la década de 1960 como una alternativa más flexible y fiable a los sistemas de relés electromecánicos que se usaban para controlar las líneas de montaje. El primer PLC comercialmente exitoso fue desarrollado por General Motors en 1968, reemplazando tableros de relés voluminosos por sistemas electrónicos programables.

Componentes principales de un PLC:

El cerebro de todo PLC es la **CPU** o la Unidad Central de Procesamiento que ejecuta el programa cargado y controlar todas sus operaciones. Esta recibe señales de entrada de los dispositivos conectados, las procesa y genera señales de salida para controlar dispositivos externos a través de los **Módulos de Entrada y Salida**. Los PLC incluyen también diferentes tipos de **memoria** para almacenar el programa que ejecuta la CPU, así como los datos generados durante la operación. El **Módulo de Comunicación** por su parte es el que permite que el PLC se conecte con otros sistemas de control, computadoras o dispositivos a través de protocolos como *Modbus, Profibus o EtherNet/IP*.

El encargado de proporcionar la energía a todos los componentes electrónicos del sistema es la **Fuente de Alimentación**.

Programación:

La programación de un PLC generalmente se realiza utilizando lenguajes específicos para automatización industrial, definidos por la norma IEC 61131-3. Entre estos podemos mencionar los siguientes:

- **Ladder Logic** o Lenguaje de Escalera, que es un lenguaje gráfico que simula los diagramas de relés.
- La lista de instrucciones o **Instruction List** es un lenguaje similar al Assembler, donde las instrucciones se enumeran secuencialmente.
- El **Texto Estructurado** es un lenguaje de alto nivel, similar a Pascal.
- Los diagramas de bloques funcionales o **Function Block Diagrams** son los que utilizan bloques gráficos para representar funciones complejas.
- El diagrama secuencial o **Sequential Function Chart** es muy útil para representar secuencias lógicas de eventos.

Aplicaciones principales de los PLC:

- Líneas de Montaje: Controlan la sincronización y el flujo de materiales.

- Sistemas de Embalaje: Coordinan el movimiento de los productos a través de diferentes estaciones.
- Procesos de Producción Química: Monitorizan la temperatura, la presión y la mezcla de ingredientes.
- Tratamiento de Agua: Regulan el flujo, la dosificación de químicos y la calidad del agua.

Ventajas de los PLC:

- Poseen una gran flexibilidad, puesto que pueden reprogramarse para adaptarse a cambios en la línea de producción.
- Tienen una gran fiabilidad al estar diseñados para operar en entornos industriales hostiles.
- Su mantenimiento es super sencillo al poderse monitorear en tiempo real y diagnosticar problemas a distancia.

Desventajas de los PLC:

- Los PLC suelen ser más costosos que otros sistemas de control como los microcontroladores, especialmente si requieren módulos adicionales para expansión.
- Aunque se pueden reprogramar, están diseñados principalmente para aplicaciones específicas de control industrial. Los cambios significativos en la lógica o la adición de nuevas funciones pueden ser más complicados que en sistemas con lenguajes de programación más versátiles.
- Algunos modelos de PLC, especialmente los más antiguos o los diseñados para aplicaciones robustas,

- pueden ocupar mucho espacio debido a sus módulos y estructuras de montaje.
- Aunque son adecuados para muchas aplicaciones industriales, no están diseñados para tareas de procesamiento intensivo, como la visión por computadora o el análisis de datos en tiempo real.
- La configuración y programación inicial puede requerir conocimientos especializados, lo que puede aumentar el tiempo y los costos de implementación.

Los PLC continúan siendo la columna vertebral de la automatización industrial moderna, permitiendo el control preciso de procesos complejos. A medida que las tecnologías avanzan, los PLC se integran cada vez más con sistemas de supervisión y redes industriales, lo que los hace esenciales para la automatización.

MICROCONTROLADORES:

Los microcontroladores son sistemas electrónicos compactos que integran un procesador, memoria y periféricos en un solo chip. A diferencia de las computadoras convencionales, los microcontroladores están diseñados para realizar tareas específicas de control en dispositivos embebidos, como electrodomésticos, vehículos, dispositivos médicos, sistemas de seguridad y aplicaciones de automatización.

Componentes principales de un microcontrolador:

La **CPU** (Unidad Central de Procesamiento) es, igual que en el caso anterior, el cerebro o núcleo de procesamiento del microcontrolador. La CPU puede tener diferentes arquitecturas (RISC, CISC) y niveles de procesamiento, desde unos pocos MHz hasta varios GHz en modelos más avanzados.

La **memoria RAM** almacena los datos temporales mientras el programa está en ejecución, y la **memoria no volátil** (ROM o Flash) almacena el firmware (programa) que la CPU ejecutará para llevar a cabo sus procesos.

Los microcontroladores también están equipados con una variedad de **periféricos** integrados para interactuar con el mundo exterior, incluyendo puertos de entrada/salida digital (GPIO), convertidores analógico-digitales (ADC), convertidores digital-analógicos (DAC), interfaces de comunicación (UART, I2C, SPI), timers, y controladores de interrupciones.

Programación:

Los microcontroladores se programan mediante lenguajes de programación de bajo y alto nivel. El lenguaje C es el más utilizado, aunque también hay opciones como C++, Python (MicroPython), y ensamblador. Algunas plataformas, como Arduino y ESP32, ofrecen entornos simplificados para principiantes con un lenguaje simplificado basado en C/C++, que posee una variedad de bibliotecas listas para usar. La programación se realiza a través del IDE oficial. El ESP32 posee conectividad Wi-Fi/Bluetooth lo que hace que sea ideal para aplicaciones de tipo IoT.

Aplicaciones principales de los microcontroladores:

- Automatización del hogar: Control de sistemas de iluminación, termostatos, cerraduras inteligentes, cámaras de seguridad y asistentes de voz.

- Automóviles: Gestión de sistemas electrónicos en vehículos modernos, como el control del motor, ABS, airbags, sistemas de entretenimiento y navegación.
- Dispositivos médicos: Monitores de presión arterial, glucómetros, bombas de infusión, oxímetros, etc.
- Automatización industrial: Control de maquinaria, robots, monitoreo de procesos, sistemas SCADA y sensores.

Ventajas de los microcontroladores:

- Compactos y versátiles: Los microcontroladores se pueden implementar en casi cualquier dispositivo debido a su tamaño reducido y la posibilidad de integrar múltiples periféricos.
- Eficiencia energética: Están diseñados para consumir poca energía, lo que los hace ideales para aplicaciones alimentadas por baterías.
- Costo: Son relativamente económicos, permitiendo su uso en proyectos de bajo presupuesto.
- Facilidad de programación: Plataformas como Arduino, ESP32, y Raspberry Pi Pico han democratizado el acceso a la programación de microcontroladores.

Desventajas de los Microcontroladores:

- Capacidad limitada: En comparación con las computadoras convencionales, los microcontroladores tienen menor capacidad de procesamiento y almacenamiento.
- Dependencia de periféricos: A menudo, un microcontrolador necesita periféricos externos para

funciones avanzadas, como módulos de comunicación.

Los microcontroladores continúan siendo esenciales en la automatización moderna, permitiendo un control preciso y adaptable en aplicaciones donde se requieren soluciones embebidas.

SISTEMAS DE VISIÓN ARTIFICIAL:

Los sistemas de visión artificial, también conocidos como visión por computadora o "machine vision," son sistemas que utilizan cámaras, iluminación, y procesamiento digital para capturar y analizar imágenes. Son fundamentales en la automatización de la inspección, clasificación y orientación de productos, entre otras aplicaciones. Han evolucionado rápidamente gracias a los avances en procesamiento de imágenes y algoritmos de inteligencia artificial.

Componentes principales de un sistema de visión artificial:

El componente esencial para capturar imágenes es la **Cámara**. Existen cámaras monocromáticas y de color, con diferentes resoluciones, velocidades de captura y sensibilidad a la luz. Pueden tener diferentes interfaces de comunicación, como USB, Ethernet o cámaras inteligentes con procesamiento integrado.

La iluminación es crucial para asegurar una calidad de imagen óptima y una detección precisa, para ello estos sistemas poseen **fuentes de luz,** que incluyen: LED, fluorescentes, estroboscópicas o infrarrojas. El tipo de iluminación depende del entorno y la aplicación específica.

El **procesador de imágenes** es otro componente clave y puede ser un ordenador industrial, un sistema embebido, o estar integrado directamente en cámaras inteligentes. Ejecuta los algoritmos de procesamiento para analizar y extraer información de las imágenes.

Todo este sistema debe estar conducido por un **software de visión**, que son programas que interpretan las imágenes capturadas. Pueden incluir herramientas para reconocimiento de patrones, medición de dimensiones, detección de defectos, identificación de códigos y más. Hay soluciones comerciales, como HALCON o OpenCV (de código abierto).

Interfaces de comunicación: Los sistemas de visión artificial se integran con otros sistemas de automatización mediante protocolos como Ethernet, Profinet, Modbus o protocolos específicos del fabricante.

Programación de los Sistemas de Visión Artificial:

Estos sistemas utilizan algoritmos para la detección de bordes, reconocimiento de formas, análisis de color, identificación de códigos (barras/QR), entre otros. La programación implica el ajuste fino de parámetros para mejorar la precisión. La inteligencia artificial permite entrenar modelos para tareas complejas como clasificación y detección de defectos, utilizando redes neuronales convolucionales y otras técnicas avanzadas.

Aplicaciones principales de los Sistemas de Visión Artificial:

- Inspección de calidad: Verifican dimensiones, color, presencia de componentes, defectos superficiales y otros parámetros en productos terminados.

- Orientación y manipulación: Identifican la posición y orientación de objetos para que robots los manipulen con precisión.
- Clasificación: Separan productos según su tamaño, forma o color en líneas de producción de alimentos, reciclaje y otros.
- Reconocimiento de caracteres: Usados en la industria farmacéutica para la verificación de etiquetas, o en la automoción para la identificación de placas.
- Seguridad: Monitorean áreas sensibles y reconocen intrusiones o anomalías.

<u>Ventajas de los Sistemas de Visión Artificial:</u>

- Precisión: Proporcionan mediciones muy precisas y repetibles, detectando defectos que podrían pasar desapercibidos a simple vista.
- Velocidad: Pueden inspeccionar cientos de piezas por minuto, aumentando la eficiencia en líneas de producción.
- Flexibilidad: Los sistemas pueden reprogramarse fácilmente para nuevas tareas, permitiendo cambios rápidos en la producción.

<u>Desventajas de los Sistemas de Visión Artificial:</u>

- Costo: Los sistemas avanzados pueden ser costosos, especialmente con cámaras de alta resolución y software especializado.
- Condiciones ambientales: Pueden verse afectados por condiciones variables como el polvo, cambios de iluminación o vibraciones.

- Complejidad: Requieren conocimientos técnicos avanzados para su instalación y programación inicial.
- Datos limitados: Su precisión depende de la calidad de las imágenes capturadas, lo que puede resultar en errores si no se configuran correctamente.

En conclusión, los sistemas de visión artificial son una herramienta poderosa en la automatización moderna, permitiendo la detección y manipulación precisa de productos en una amplia gama de industrias.

ROBOTS INDUSTRIALES:

Los robots industriales son máquinas programables que se utilizan para llevar a cabo una amplia gama de tareas en entornos industriales. Desde soldadura y pintura, hasta ensamblaje, empaque y manipulación de materiales, estos robots han revolucionado la producción al ofrecer una precisión, velocidad y consistencia que superan las capacidades humanas.

Componentes principales de un robot industrial:

El cerebro del robot es llamado el **Controlador**, que contiene el software y hardware necesario para ejecutar los movimientos programados. Es responsable de interpretar las órdenes del operador, controlar los motores y comunicarse con otros sistemas.

Estos robots poseen también un conjunto de **brazos y ejes**, que son las partes mecánicas que permiten el movimiento y la manipulación de objetos. Los robots pueden tener entre 3 y 6 grados de libertad (ejes), lo que les da gran flexibilidad.

Para impulsar el movimiento de los ejes los robots necesitan de motores eléctricos, neumáticos o hidráulicos denominados **actuadores** y para poder proporcionar información en tiempo real al controlador que permita que el robot se adapte al entorno son requeridos un número importante de **sensores**, los cuales pueden incluir sensores de posición, velocidad, presión, fuerza, cámaras, etc.

La **herramienta terminal**, también conocida como "efector final," es el accesorio que realiza la tarea, como una pinza, soldadora, taladro o pistola de pintura. Puede ser intercambiable para diferentes aplicaciones.

Programación:

Los robots industriales suelen programarse usando lenguajes propios de cada fabricante, que permiten controlar sus movimientos y operaciones. Los sistemas modernos permiten simular y programar robots en un entorno virtual, lo que facilita el diseño de nuevas líneas de producción sin detener la planta. Algunos robots aprenden mediante ejemplos, repitiendo los movimientos enseñados por un operador.

Tipos de robots industriales:

- Articulados: Los más comunes, con múltiples ejes y gran flexibilidad. Pueden realizar tareas complejas.
- SCARA (Selective Compliance Assembly Robot Arm): Brazo con cuatro grados de libertad, adecuado para tareas de ensamblaje rápido y de alta precisión.
- Delta: Con una estructura triangular que proporciona movimientos rápidos y precisos. Se usan en la industria alimentaria y en el empaquetado.

- Cartesianos: Se mueven en tres ejes perpendiculares entre sí, ideales para tareas de corte, impresión y ensamblaje.

Aplicaciones principales de los robots industriales:

- Soldadura: Los robots pueden realizar soldaduras consistentes y de alta calidad en vehículos y componentes electrónicos.
- Pintura: Automatizan el proceso de pintura, asegurando una cobertura uniforme y sin exposición humana a vapores.
- Manipulación de materiales: Pueden levantar, transportar y ordenar piezas en líneas de producción.
- Montaje: Ensamblan componentes pequeños, como los que se encuentran en teléfonos y computadoras.
- Control de calidad: Los robots con cámaras inspeccionan piezas y descartan aquellas que no cumplen con los estándares.

Ventajas de los robots industriales:

- Los robots pueden realizar tareas complejas con precisión milimétrica y repetirlas indefinidamente.
- Los robots pueden aumentar la velocidad de producción al realizar múltiples tareas simultáneamente.
- Al realizar tareas peligrosas, los robots protegen a los trabajadores de lesiones.
- Pueden reprogramarse para realizar diferentes tareas, adaptándose a cambios en la producción.

Desventajas de los robots industriales:
- La inversión inicial y el mantenimiento pueden ser costosos.
- Se requiere personal calificado para programar y mantener los robots.
- Los robots pueden encontrar dificultades con productos o procesos que no están bien definidos o son irregulares.
- Los robots pueden volverse obsoletos debido a cambios tecnológicos.

En resumen, los robots industriales son esenciales para la producción moderna, permitiendo la automatización y optimización de procesos en una variedad de industrias.

ROBOTS COLABORATIVOS (COBOTS):

Los robots colaborativos, conocidos como cobots, son una clase especial de robots industriales diseñados para trabajar de forma segura junto a los humanos, sin la necesidad de barreras físicas. A diferencia de los robots industriales tradicionales, que están confinados en jaulas o áreas de seguridad, los cobots están programados para interactuar con los trabajadores, complementando sus habilidades y realizando tareas repetitivas o peligrosas.

Componentes principales de un Cobot:

El cerebro del Cobot que controla sus movimientos es llamado **Controlador**, este procesa las señales de los sensores y coordina su interacción con otros sistemas. Los Cobots poseen **sensores de seguridad** que le permiten detectar la presencia de humanos en su entorno. Algunos Cobots también incorporan **sensores de fuerza** que detienen el movimiento si encuentran resistencia, evitando lesiones. También tienen una series de **brazos y ejes** que le proporcionan varios grados de libertad para el movimiento. Los Cobots suelen ser ligeros, flexibles y fáciles de mover.

Los Cobots también poseen **actuadores** o motores eléctricos de alta precisión, diseñados para movimientos suaves y controlados. Por último contienen su **herramienta terminal**, que es la parte que interactúa directamente con el objeto o producto, como una pinza, taladro o soldadora.

Programación de los Cobots:

Los Cobots suelen tener interfaces gráficas intuitivas para que sean fácilmente programables por personas con poca experiencia técnica. Los operadores pueden guiar el brazo del Cobot manualmente para enseñarle las tareas que el Cobot luego las repetirá. Algunos Cobots utilizan algoritmos de aprendizaje para mejorar su rendimiento y adaptarse a nuevas situaciones.

Aplicaciones principales de los Cobots:

- Montaje: Ayudan en la colocación de piezas pequeñas, combinando la precisión del robot con el conocimiento del trabajador.
- Embalaje: Empaquetan productos de diferentes tamaños y formas sin cansarse, liberando a los trabajadores de tareas repetitivas.
- Paletizado: Organizan cajas o productos en pallets de forma eficiente, coordinándose con otros robots.

- Atención de máquinas: Pueden cargar y descargar materiales en máquinas, permitiendo a los trabajadores centrarse en la supervisión y el ajuste.
- Inspección: Los Cobots pueden realizar tareas de control de calidad, identificando defectos en productos acabados.

Ventajas de los Cobots:

- Pueden trabajar mano a mano con los trabajadores sin necesidad de barreras de seguridad.
- Las interfaces intuitivas facilitan su programación y ajuste.
- Los Cobots se adaptan fácilmente a diferentes tareas y cambios en la línea de producción.
- Suelen ser compactos y pueden instalarse en espacios reducidos.

Desventajas de los Cobots:

- No pueden manipular cargas tan pesadas como los robots industriales tradicionales.
- Suelen ser más lentos porque están diseñados para detenerse al detectar una colisión.
- El costo inicial puede ser alto en comparación con soluciones manuales.
- Es posible que no se integren fácilmente con sistemas de automatización antiguos.

Los Cobots están revolucionando la industria al facilitar la interacción humano-robot. Su diseño seguro y sus interfaces fáciles de usar permiten que más empresas adopten la automatización, llevando a un futuro más eficiente y colaborativo.

SISTEMAS DE CONTROL DISTRIBUIDO (DCS):

Los sistemas de control distribuido (DCS) son plataformas de automatización industrial diseñadas para supervisar y controlar procesos complejos. A diferencia de los PLC, que operan de manera autónoma, los DCS están organizados en una red que distribuye las tareas de control a lo largo de múltiples nodos. Son especialmente útiles para plantas de procesos donde la operación debe ser continua y precisa, como en la industria química, petrolera, generación de energía, tratamiento de agua, entre otras.

Componentes principales de un DCS:

Controladores: Computadoras industriales que procesan las señales de entrada y salida para monitorear y controlar los dispositivos conectados. Cada controlador puede supervisar una sección específica del proceso.

Estaciones de operación (HMI): Son las interfaces hombre-máquina que permiten a los operadores supervisar y controlar el proceso. Muestran gráficos, alarmas, tendencias y otras herramientas para visualizar el estado del sistema.

Servidores: Almacenan datos históricos y proporcionan la base de datos central. También se encargan de la comunicación entre controladores, estaciones de operación y otros sistemas.

Red de comunicación: Red que conecta todos los componentes del sistema para intercambiar datos en tiempo real. Los protocolos más comunes son Ethernet, Profibus y Modbus.

Dispositivos de campo: Sensores, actuadores, válvulas y otros dispositivos que interactúan directamente con el proceso y envían datos a los controladores.

Programación de los DCS:

Se utilizan lenguajes similares a los de los PLC, como Ladder Logic, Function Block Diagrams y Sequential Function Charts, para programar los controladores. Los DCS implementan estrategias avanzadas de control, como PID, control predictivo o control por modelos para garantizar una operación precisa.

Aplicaciones principales de los DCS:

- Procesos químicos: Monitorean y controlan variables críticas como temperatura, presión y flujo, asegurando la consistencia de la producción.
- Refinación de petróleo: Gestionan operaciones complejas como el cracking catalítico y el fraccionamiento.
- Generación de energía: Supervisan la generación y distribución de electricidad en plantas termoeléctricas e hidroeléctricas.
- Tratamiento de agua: Controlan el tratamiento químico, la filtración y el flujo en plantas de potabilización y depuración.

Ventajas de los DCS:

- La arquitectura distribuida permite que cada controlador opere independientemente, reduciendo el impacto de fallas.

- Los DCS pueden expandirse fácilmente para incorporar nuevos controladores y dispositivos de campo.
- Proporcionan un control preciso y continuo gracias a sus estrategias avanzadas.
- Permiten monitorear y controlar múltiples áreas desde una sola estación.

Desventajas de los DCS:

- Son más costosos que los sistemas PLC debido a su complejidad y redundancia.
- Requieren personal altamente capacitado para su programación, mantenimiento y operación.
- Implementar un DCS puede llevar más tiempo que otras soluciones, especialmente en instalaciones ya existentes.

Los DCS siguen siendo la solución preferida para el control de procesos industriales complejos, proporcionando la flexibilidad y precisión necesarias para maximizar la eficiencia y la seguridad en estas operaciones.

REDES Y PROTOCOLOS DE COMUNICACIÓN:

Las redes y protocolos de comunicación son esenciales para la automatización y la robótica, permitiendo que múltiples dispositivos intercambien datos en tiempo real. Estas redes conectan sensores, actuadores, controladores y sistemas de supervisión para crear un entorno cohesivo en el que toda la información fluye sin problemas.

Componentes principales de una red de comunicación industrial:

- **Controladores**: Actúan como nodos principales en la red, recopilando y enviando datos de múltiples dispositivos.
- **Dispositivos de campo**: Incluyen sensores, actuadores y otros equipos que se comunican directamente con los controladores.
- **Cables y conectores**: La infraestructura física que transmite las señales, puede incluir cables Ethernet, fibra óptica, RS-485, entre otros.
- **Switches y enrutadores**: Gestionan el tráfico de datos entre múltiples dispositivos, asegurando que las señales lleguen a su destino.
- **Redes inalámbricas**: Tecnologías como Wi-Fi, Zigbee o LoRaWAN ofrecen conectividad inalámbrica en entornos donde el cableado es poco práctico.

Protocolos comunes en la comunicación industrial:

- **Modbus**: Un protocolo simple y ampliamente utilizado que funciona con cables RS-232 y RS-485. Es ideal para aplicaciones de baja complejidad.
- **Profibus:** Un estándar alemán que ofrece una alta velocidad de comunicación y es popular en la automatización de plantas.
- **EtherNet/IP**: Proporciona interoperabilidad utilizando la infraestructura Ethernet estándar, permitiendo una fácil integración con redes informáticas.

- **CAN** (Controller Area Network): Amplio en la industria automotriz, permite la comunicación en tiempo real entre dispositivos.
- **HART** (Highway Addressable Remote Transducer): Protocolo para dispositivos de campo que superpone señales digitales a los cables analógicos.
- **BACnet:** Protocolo enfocado en el control de edificios, incluyendo HVAC, iluminación y seguridad.

Programación:

Los dispositivos deben configurarse para comunicarse utilizando las direcciones, velocidades y parámetros correctos del protocolo en uso.

El software SCADA (Supervisory Control and Data Acquisition) permite monitorear y controlar la red desde un solo punto.

Aplicaciones principales de las redes y protocolos de comunicación:

- Automatización industrial: Coordinan las operaciones en fábricas, plantas químicas y refinerías.
- Control de edificios: Gestionan los sistemas de iluminación, climatización y seguridad.
- Automoción: Los vehículos modernos dependen de redes para la comunicación entre los diversos sistemas electrónicos.
- Energía: Supervisan la generación, distribución y consumo de energía en plantas de generación y redes eléctricas.

Ventajas de las redes y protocolos de comunicación:

- Permiten que dispositivos de diferentes fabricantes trabajen juntos sin problemas.
- Las redes pueden expandirse fácilmente para incluir nuevos dispositivos y áreas.
- Las redes facilitan el monitoreo y control desde un solo punto.
- Proporcionan datos detallados para diagnosticar problemas de manera remota.

Desventajas de las redes y protocolos de comunicación:

- Las redes grandes pueden ser difíciles de configurar y mantener.
- Los sistemas pueden ser vulnerables a ciberataques si no se aseguran adecuadamente.
- No todos los protocolos son compatibles entre sí, lo que puede dificultar la integración.

Las redes y protocolos de comunicación son el tejido conectivo de la automatización moderna, permitiendo la integración y coordinación de dispositivos para lograr una operación eficiente y segura.

Impacto de la Automatización y la Robótica en la Sociedad

La automatización y la robótica representan una revolución tecnológica que está transformando todos los aspectos de nuestra sociedad. Desde las fábricas y almacenes hasta los hogares y hospitales, estas tecnologías están redefiniendo cómo trabajamos, vivimos, aprendemos e interactuamos con nuestro entorno. Han permitido a las empresas alcanzar nuevos niveles de productividad, reduciendo costos y mejorando la calidad, a través de la eliminación de errores humanos y el trabajo ininterrumpido. Al mismo tiempo, han abierto oportunidades en campos emergentes como la inteligencia artificial, la logística avanzada y el desarrollo de software de control, impulsando la creación de nuevos mercados.

Sin embargo, este progreso no ha llegado sin desafíos. El desplazamiento laboral es un problema tangible, ya que las máquinas reemplazan a los trabajadores en tareas repetitivas o peligrosas. Esto afecta principalmente a aquellos con menos acceso a la educación técnica necesaria para reconvertirse profesionalmente, generando preocupaciones sobre el desempleo y la desigualdad económica. A pesar de las preocupaciones, las tecnologías emergentes también crean empleos en áreas como la programación, el mantenimiento de robots y el análisis de datos, exigiendo una fuerza laboral con nuevas habilidades técnicas. La educación en STEM (ciencia, tecnología, ingeniería y matemáticas) se ha vuelto crucial para preparar a la siguiente generación para estos cambios, mientras que las instituciones educativas están trabajando con las empresas para ofrecer programas que estén alineados con las demandas del mercado.

La automatización y la robótica también influyen en nuestra percepción del trabajo, el bienestar y la productividad. Cada vez más, las políticas públicas deben enfocarse en el desarrollo de programas de reentrenamiento para ayudar a los trabajadores desplazados a adquirir nuevas habilidades y adaptarse a la economía digital. Además, a medida que las máquinas se encargan de más tareas, los modelos económicos y el concepto de empleo tradicional podrían evolucionar hacia una mayor flexibilidad en la jornada laboral y un enfoque en la productividad.

La ética y la privacidad también están en juego. A medida que los sistemas inteligentes recopilan grandes cantidades de datos para su funcionamiento, es crucial que se respeten las normas de privacidad y se eviten los sesgos en la toma de decisiones automatizada. Se debe considerar el impacto social de estas tecnologías y tomar medidas para que no refuercen la desigualdad existente.

En última instancia, la automatización y la robótica continuarán cambiando la sociedad. La forma en que manejemos su impacto determinará si estas tecnologías contribuirán a una prosperidad compartida o si profundizarán las desigualdades existentes. Es fundamental mantener una visión equilibrada que aproveche las oportunidades y minimice los desafíos para crear un futuro donde estas herramientas complementen el potencial humano y eleven los estándares de vida globales.

La influencia de la automatización y la robótica se extiende a múltiples aspectos de la sociedad, desde la economía, donde están cambiando el modo en que se crean y distribuyen bienes y servicios, hasta el empleo, donde las fuerzas laborales enfrentan cambios significativos en las habilidades requeridas y en la naturaleza misma de sus tareas. En la educación, estas tecnologías están impulsando la necesidad de nuevas estrategias de formación que preparen a las personas para los desafíos del siglo XXI. Además, el futuro del impacto social de estas tecnologías plantea importantes preguntas sobre cómo podemos desarrollar políticas y modelos económicos que aborden la desigualdad, el bienestar, la ética y la privacidad. En las siguientes secciones, analizaremos con mayor detalle cada uno de estos temas críticos para entender mejor cómo la automatización y la robótica están remodelando nuestra sociedad.

ECONOMÍA:

La automatización y la robótica han generado un profundo impacto en la economía mundial, transformando la forma en que las empresas producen, distribuyen y ofrecen sus productos y servicios. Uno de los efectos más evidentes es el aumento de la productividad. Las fábricas altamente automatizadas pueden funcionar a una velocidad y eficiencia que supera con creces las capacidades humanas, permitiendo la fabricación a gran escala en menos tiempo y con un menor costo. Esto ha permitido que las empresas sean más competitivas, ofreciendo productos de calidad a precios accesibles. En sectores como la manufactura y la logística, la automatización ha posibilitado procesos más rápidos y consistentes, con un margen de error casi nulo, lo que ha mejorado la calidad de los productos y el servicio al cliente.

La disminución de costos es otra consecuencia importante de la automatización. Al reducir el tiempo de inactividad y los errores humanos, las empresas pueden mantener un flujo de trabajo continuo, aprovechando al máximo los recursos disponibles. Además, el desperdicio de materiales y la repetición de procesos defectuosos se minimizan, lo que resulta en una operación más eficiente en términos de costos. Este enfoque de producción más eficiente también beneficia a los consumidores, ya que los precios pueden mantenerse estables o incluso reducirse en algunos casos.

La robótica y la automatización han abierto nuevos mercados al permitir el desarrollo de soluciones tecnológicas avanzadas. La fabricación avanzada, la logística automatizada, y el software especializado para el control de procesos son ejemplos de áreas que han surgido y prosperado gracias a estas tecnologías. Las empresas que antes solo podían fabricar productos sencillos ahora tienen la capacidad de producir piezas complejas con precisión milimétrica, mientras que los centros de distribución y almacenamiento pueden procesar pedidos en cuestión de minutos con una intervención humana mínima. Esta capacidad ha dado lugar a una amplia gama de servicios y productos que se adaptan a las demandas de un mercado global en constante evolución.

No obstante, no todas las empresas pueden invertir en la tecnología necesaria para adoptar la automatización a gran escala. Esto ha dado lugar a una creciente desigualdad económica entre aquellas empresas que cuentan con los recursos para implementar sistemas robóticos y las que no. Las organizaciones que pueden invertir en automatización tienden a obtener mayores beneficios, lo que aumenta la brecha con las empresas más pequeñas que no tienen acceso a la misma tecnología. En consecuencia, la automatización plantea desafíos importantes que deben abordarse para evitar un desequilibrio económico en el que solo las empresas más grandes y tecnológicamente avanzadas puedan prosperar.

En resumen, la automatización y la robótica han generado cambios significativos en la economía, impulsando la productividad, reduciendo los costos y abriendo nuevos mercados, pero también ampliando la brecha entre las empresas que pueden adoptar estas tecnologías y las que no.

EMPLEO:

El impacto de la automatización y la robótica en el empleo ha generado una mezcla de oportunidades y desafíos, cambiando radicalmente el panorama laboral. Uno de los efectos más notables es el desplazamiento laboral, ya que las máquinas reemplazan a los trabajadores en tareas rutinarias o peligrosas. En industrias como la manufactura, los procesos que antes requerían un gran número de operarios ahora pueden ser gestionados por robots, generando una disminución significativa en los empleos disponibles para los trabajadores sin capacitación técnica. Esto ha generado preocupación sobre el desempleo y la posibilidad de que la brecha entre los trabajadores cualificados y los no cualificados se amplíe aún más.

A pesar de estas preocupaciones, la automatización también ha dado lugar a la creación de nuevos empleos en áreas que antes no existían. El diseño, mantenimiento y operación de robots, sistemas de visión artificial, y software de control son campos que han florecido gracias a la necesidad de gestionar estas tecnologías. Además, la demanda de profesionales que comprendan y optimicen procesos automatizados, desde ingenieros hasta científicos de datos, está en aumento, lo que ha creado oportunidades para trabajadores altamente capacitados.

Sin embargo, este nuevo escenario ha dejado en claro la necesidad de reentrenar a la fuerza laboral existente para ayudarla a adaptarse a las demandas de la economía digital. Muchos trabajadores que se encuentran en riesgo de ser reemplazados por máquinas necesitan aprender nuevas habilidades que les permitan continuar contribuyendo en la economía. Programas de capacitación, subvencionados tanto por empresas como por gobiernos, han empezado a enfocarse en proporcionar estas habilidades, aunque el reto sigue siendo enorme, especialmente para aquellos sectores que tradicionalmente han dependido de mano de obra no cualificada.

Además, el impacto en el empleo varía según la región, dependiendo del nivel de adopción de la automatización y la capacidad de la economía local para ajustarse. En algunas áreas, la adopción de estas tecnologías ha mejorado la productividad y ha creado nuevos puestos de trabajo, mientras que en otras ha dejado a un gran número de personas sin empleo. Las disparidades regionales reflejan la necesidad de políticas adaptadas a las circunstancias locales, de modo que las estrategias de reconversión laboral sean más efectivas.

En resumen, la automatización y la robótica han provocado cambios profundos en el empleo, eliminando ciertos tipos de trabajos y creando otros nuevos. La necesidad de reentrenar a los trabajadores es crucial para mitigar los efectos negativos, mientras que las políticas regionales deben diseñarse con un enfoque adaptativo. Aunque el camino por delante es complejo, abordar estos desafíos puede llevarnos a una economía más fuerte y sostenible.

EDUCACIÓN:

La educación está viviendo una transformación profunda bajo el impacto de la automatización y la robótica, ya que las habilidades que antes se consideraban cruciales para una carrera estable están cambiando rápidamente. La automatización ha hecho que muchas tareas rutinarias y repetitivas, que solían ser una fuente segura de empleo, se realicen ahora con mayor precisión y eficiencia por máquinas. Esto ha generado una creciente demanda de nuevas habilidades técnicas y analíticas que permitan a los trabajadores diseñar, operar y mantener sistemas automatizados, así como analizar grandes volúmenes de datos.

Como resultado, las instituciones educativas han empezado a orientar sus programas hacia un enfoque más centrado en la tecnología. Los programas STEM (ciencia, tecnología, ingeniería y matemáticas) se están volviendo cada vez más importantes para preparar a la próxima generación de trabajadores para la economía digital. Los estudiantes aprenden a programar, a utilizar herramientas de análisis de datos, y a comprender los fundamentos de la robótica desde una edad temprana, lo que les da una ventaja significativa al ingresar al mundo laboral.

Además, la educación continua y la actualización de habilidades se han vuelto esenciales. Las habilidades técnicas tienden a evolucionar rápidamente, lo que obliga a los trabajadores a mantenerse al día con las últimas tendencias para seguir siendo relevantes en el mercado laboral. Programas de certificación, cursos en línea y asociaciones entre universidades y empresas están proliferando, ofreciendo a los profesionales la oportunidad de adquirir nuevos conocimientos en áreas como la inteligencia artificial, el aprendizaje automático, y el desarrollo de software para sistemas de control.

También están surgiendo colaboraciones más estrechas entre las empresas y las instituciones educativas para asegurarse de que los programas de formación estén alineados con las demandas del mercado. Las empresas proporcionan retroalimentación sobre las habilidades necesarias, mientras que las instituciones educativas desarrollan currículos para satisfacer esas demandas, creando un flujo continuo de talento con la capacitación adecuada.

No obstante, el acceso a la educación de calidad sigue siendo un desafío, especialmente en las regiones donde la inversión en infraestructuras educativas es limitada. El enfoque en la educación técnica puede dejar a los estudiantes sin una formación completa en otras áreas importantes, como la creatividad y las habilidades interpersonales, que también son valiosas en el entorno laboral actual.

En resumen, la automatización y la robótica han remodelado el panorama educativo, impulsando un cambio hacia las habilidades técnicas y la educación continua. La colaboración entre empresas e instituciones educativas es clave para asegurar que la fuerza laboral esté preparada para los desafíos futuros, mientras que se deben encontrar formas de hacer que la educación técnica sea accesible para todos.

FUTURO DEL IMPACTO SOCIAL:

El futuro del impacto social de la automatización y la robótica es un tema crucial, ya que estas tecnologías continúan desarrollándose a un ritmo acelerado y cambiando la estructura de nuestra sociedad. En este contexto, es fundamental prever cómo afectarán nuestras vidas, empleos y comunidades, para poder aprovechar sus beneficios mientras mitigamos los riesgos.

El trabajo y el bienestar son preocupaciones inmediatas. A medida que las máquinas asumen más tareas, la sociedad podría tener que replantear el concepto tradicional de empleo. La reducción de la jornada laboral podría ser una opción viable para mantener el equilibrio entre productividad y calidad de vida. Al mismo tiempo, se podrían implementar programas de renta básica universal u otros esquemas para proteger el bienestar de las personas cuyos empleos han sido desplazados por la automatización.

Los modelos económicos también podrían cambiar de manera significativa. Las empresas y gobiernos tendrán que diseñar estrategias para mantenerse competitivos en un mundo donde la eficiencia de los robots y la inteligencia artificial es primordial. Podríamos ver un aumento en las inversiones en investigación y desarrollo, así como una mayor colaboración internacional para promover la innovación. A medida que los costos de producción disminuyan, las empresas podrían expandir sus operaciones globalmente, buscando nuevos mercados y oportunidades.

La ética y la privacidad serán factores clave. Los sistemas automatizados recopilan y procesan datos personales para optimizar sus funciones, lo que puede plantear serios desafíos a la privacidad. Los legisladores y las empresas deberán establecer reglas claras para evitar abusos y sesgos en los sistemas que tomen decisiones autónomas. Además, la toma de decisiones basada en inteligencia artificial debe ser transparente y explicable para mantener la confianza pública.

La educación seguirá desempeñando un papel esencial para asegurar que los trabajadores tengan las habilidades necesarias para prosperar en la economía digital. Las nuevas generaciones deberán ser educadas en la adaptación, la creatividad y el aprendizaje continuo, habilidades que complementan el trabajo de las máquinas en lugar de competir con ellas.

En última instancia, el futuro del impacto social de la automatización y la robótica dependerá de nuestra capacidad para entender y anticipar las consecuencias de estas tecnologías. Debemos crear un marco en el que estas herramientas complementen el potencial humano y eleven los estándares de vida globales. La colaboración entre gobiernos, empresas y la sociedad civil será esencial para construir un futuro más inclusivo, sostenible y justo en la era de la automatización.

El Rol de IoT en la Automatización Moderna

El Internet de las cosas (IoT) ha transformado la automatización moderna al conectar un vasto número de dispositivos entre sí y a la nube, permitiendo que las máquinas se comuniquen entre sí sin intervención humana directa. Este ecosistema digital genera una red inteligente en la que sensores, actuadores, controladores y sistemas de supervisión intercambian datos en tiempo real, ofreciendo una visión detallada y un control preciso de los procesos. Aquí, analizamos las principales formas en las que IoT ha impactado la automatización.

Uno de los beneficios más claros de IoT es el monitoreo remoto. Los sensores conectados recopilan datos en tiempo real de las líneas de producción, equipos industriales, o infraestructuras críticas, enviándolos a servidores en la nube. Los operadores pueden acceder a esta información desde cualquier lugar, utilizando dispositivos móviles o paneles de control. Esto les permite identificar anomalías, anticipar problemas de mantenimiento, y realizar ajustes para mantener la eficiencia de los sistemas.

La gestión de dispositivos conectados es otra de las áreas clave donde IoT aporta valor. Las redes inteligentes permiten que los equipos automatizados reciban actualizaciones de firmware, mejoren su desempeño o se adapten automáticamente a los cambios en el entorno. Por ejemplo, un sistema de gestión de energía puede regular la producción en función de la demanda, mientras que las máquinas de fabricación pueden ajustar su funcionamiento para minimizar los tiempos de inactividad.

La eficiencia en la toma de decisiones también ha mejorado significativamente. Los datos recopilados por los dispositivos IoT se pueden procesar utilizando técnicas de análisis avanzado e inteligencia artificial. Esto permite a las empresas identificar patrones y tendencias que no serían evidentes de otro modo. Los resultados se pueden utilizar para optimizar procesos, predecir problemas antes de que ocurran, y personalizar la producción según las necesidades del cliente.

Además, la interoperabilidad entre diferentes dispositivos se ha vuelto más sencilla gracias a protocolos de comunicación estandarizados, lo que ha permitido la creación de redes que integran equipos de diferentes fabricantes y generaciones. Esto reduce los costos y facilita la incorporación de nuevas tecnologías en los sistemas existentes.

Sin embargo, el papel de IoT en la automatización también plantea desafíos. La ciberseguridad es una preocupación constante, ya que cada dispositivo conectado representa un punto potencial de entrada para ataques. Los sistemas deben protegerse adecuadamente para evitar robos de datos o interrupciones en la producción. Además, la integración de diferentes dispositivos requiere estándares claros para garantizar la compatibilidad y un flujo de datos eficiente.

En resumen, IoT ha permitido una automatización más inteligente, eficiente y conectada, brindando un control sin precedentes sobre los procesos industriales y la gestión de infraestructuras críticas. A medida que las empresas adoptan estas tecnologías, es fundamental asegurar la seguridad y la interoperabilidad para aprovechar al máximo su potencial en la automatización moderna.

La transformación que el Internet de las cosas ha traído a la automatización se manifiesta en varios aspectos clave. Primero, el monitoreo remoto permite recopilar datos en tiempo real, brindando a los operadores una visión clara y precisa de sus operaciones desde cualquier lugar. Luego, la gestión de dispositivos ayuda a optimizar el rendimiento al coordinar las actualizaciones y ajustes necesarios para mantener la red funcionando de manera eficiente.

El análisis de datos, impulsado por la inteligencia artificial, extrae información valiosa que permite predecir fallas y ajustar la producción. Los protocolos estandarizados facilitan la interoperabilidad entre diferentes generaciones de dispositivos, permitiendo la expansión de redes inteligentes. Por último, la ciberseguridad es esencial para proteger los datos y sistemas, evitando interrupciones y ataques maliciosos. Entender estos aspectos revela cómo el Internet de las cosas ha cambiado la automatización para bien.

MONITOREO REMOTO:

El monitoreo remoto ha revolucionado la automatización moderna al permitir que las empresas tengan una visión en tiempo real de sus operaciones sin importar la ubicación física. A través de sensores inteligentes conectados a la red, las máquinas y equipos en una fábrica, planta o instalación remota pueden enviar información directamente a un sistema central o a la nube. Esto proporciona a los operadores datos continuos sobre variables críticas como temperatura, presión, flujo, vibración, niveles de líquidos y otros factores que afectan el rendimiento de los equipos.

Gracias al monitoreo remoto, los operadores pueden acceder a paneles de control desde dispositivos móviles, tabletas o computadoras para vigilar el estado de las operaciones en tiempo real y recibir alertas cuando algo no funcione correctamente. Esto facilita la detección temprana de problemas, permitiendo al personal de mantenimiento intervenir antes de que se produzcan interrupciones o fallas costosas. Además, se pueden implementar sistemas de análisis predictivo que sugieran acciones basadas en patrones históricos para optimizar el mantenimiento y evitar tiempo de inactividad no planificado.

El monitoreo remoto también permite a las empresas gestionar múltiples ubicaciones de forma centralizada. Por ejemplo, en la industria del petróleo y gas, las empresas pueden vigilar plataformas y oleoductos distribuidos en grandes áreas geográficas, mientras que en la manufactura, las cadenas de suministro complejas pueden beneficiarse al tener una visión clara de toda la red.

En definitiva, el monitoreo remoto, facilitado por la conectividad de IoT, permite a las empresas ser más ágiles y eficientes en la gestión de sus operaciones, minimizando costos y maximizando el tiempo de actividad, lo que genera un impacto positivo en la rentabilidad y la competitividad.

GESTIÓN DE DISPOSITIVOS:

La gestión de dispositivos es otro pilar fundamental en la automatización moderna, gracias al Internet de las cosas. A medida que los sistemas automatizados se vuelven más complejos e interconectados, la capacidad de administrar y coordinar estos dispositivos de forma centralizada se convierte en una necesidad crítica.

Las redes inteligentes de IoT permiten que las empresas monitoreen el estado y el rendimiento de cada dispositivo en tiempo real, asegurando que estén funcionando correctamente y dentro de los parámetros óptimos. Esta supervisión continua facilita la identificación de problemas como el desgaste o el uso ineficiente de recursos, lo que permite ajustar la configuración para mejorar el rendimiento.

Además, la gestión de dispositivos habilita la actualización remota del firmware, asegurando que los dispositivos siempre funcionen con el software más reciente, sin necesidad de intervención manual. Esto reduce los tiempos de inactividad asociados con actualizaciones físicas y garantiza que los equipos estén protegidos contra vulnerabilidades de seguridad conocidas.

Otra ventaja clave es la capacidad de sincronizar el funcionamiento de los dispositivos conectados. Los equipos pueden recibir órdenes y coordinarse entre sí para optimizar los procesos y minimizar los conflictos. Por ejemplo, en una línea de producción, los robots y sistemas de transporte pueden trabajar al unísono para asegurar un flujo continuo de materiales sin interrupciones. En un sistema de gestión de energía, los dispositivos pueden ajustar su consumo en función de la demanda, permitiendo un uso más eficiente de los recursos.

La gestión de dispositivos también mejora la integración entre los equipos nuevos y los ya existentes, reduciendo la necesidad de costosas inversiones en hardware adicional.

Esto permite a las empresas expandir su capacidad sin tener que rediseñar por completo su infraestructura tecnológica.

En resumen, la gestión de dispositivos a través de redes IoT proporciona una visión integral de los equipos conectados, mejora la eficiencia operativa, y asegura que todos los componentes trabajen juntos de forma coordinada. Este enfoque inteligente contribuye directamente a la reducción de costos, el aumento de la productividad, y la capacidad de respuesta frente a desafíos en tiempo real.

ANÁLISIS DE DATOS:

El análisis de datos es una de las herramientas más poderosas que proporciona el Internet de las cosas en la automatización moderna. A medida que los dispositivos conectados generan una enorme cantidad de datos en tiempo real, el desafío radica en interpretar esa información para extraer conocimientos valiosos que guíen la toma de decisiones.

El primer paso en el proceso de análisis de datos es la recolección y almacenamiento. Los sensores inteligentes y dispositivos de monitoreo recopilan información sobre las operaciones de las máquinas, los niveles de producción, el consumo de energía, las condiciones ambientales y otras métricas críticas. Estos datos se almacenan en bases de datos locales o en la nube, donde se pueden procesar y analizar.

El análisis avanzado, que incluye técnicas de inteligencia artificial y aprendizaje automático, se aplica luego a estos datos para identificar patrones, tendencias y anomalías. Por ejemplo, al analizar el historial de funcionamiento de una máquina, los algoritmos pueden identificar signos tempranos de desgaste que sugieren un mantenimiento preventivo. De este modo, se pueden evitar fallas costosas antes de que se produzcan, maximizando el tiempo de actividad y reduciendo los costos de reparación.

Otra aplicación importante del análisis de datos es la optimización de procesos. Los modelos predictivos pueden anticipar la demanda de productos, ajustando las líneas de producción para evitar el exceso de inventario o las interrupciones. En la gestión energética, los algoritmos pueden identificar patrones de consumo para recomendar estrategias que minimicen el uso en horas pico, reduciendo costos.

Además, el análisis de datos proporciona a las empresas una perspectiva global de sus operaciones, permitiendo comparar el rendimiento entre diferentes plantas o turnos, y detectar oportunidades de mejora. Las métricas de eficiencia, productividad, y calidad se pueden visualizar en informes y paneles, facilitando el seguimiento de objetivos.

En definitiva, el análisis de datos convierte el vasto flujo de información generado por los dispositivos IoT en información práctica que impulsa decisiones estratégicas. Esto permite a las empresas ser más proactivas, competitivas y eficientes, aprovechando al máximo el potencial de la automatización moderna.

INTEROPERABILIDAD:

La interoperabilidad es esencial en la automatización moderna porque garantiza que los diversos dispositivos conectados a través del Internet de las cosas puedan comunicarse y trabajar juntos de forma eficiente. Con múltiples fabricantes, generaciones y tipos de equipos en una red, la interoperabilidad permite integrar todos los dispositivos en un ecosistema coherente, desbloqueando el verdadero potencial de la automatización.

Uno de los principales beneficios de la interoperabilidad es que permite la coexistencia de tecnologías nuevas y antiguas. Por ejemplo, las máquinas industriales tradicionales pueden funcionar junto con sensores y controladores de última generación, gracias a protocolos estandarizados que aseguran que ambos puedan intercambiar información. Esto permite a las empresas aprovechar sus inversiones existentes sin la necesidad de reemplazar todos sus equipos.

La interoperabilidad también permite que dispositivos de diferentes fabricantes trabajen juntos sin problemas. Los estándares abiertos y protocolos comunes como OPC UA, MQTT, Ethernet/IP y Modbus han ganado popularidad, proporcionando un marco que facilita la comunicación entre dispositivos heterogéneos. De esta forma, los sensores de un fabricante pueden enviar datos a un controlador de otro, mientras que una aplicación de software de un tercero puede procesar esos datos para crear informes y alarmas.

Además, la interoperabilidad facilita la escalabilidad de las redes IoT. A medida que las empresas crecen o sus necesidades cambian, pueden añadir nuevos dispositivos a la red sin tener que rediseñar toda su infraestructura de comunicación. Esto proporciona flexibilidad para expandir las capacidades y adaptarse a los avances tecnológicos futuros.

La interoperabilidad también impulsa la innovación. Las empresas pueden integrar fácilmente nuevas tecnologías en su red, como sistemas de visión artificial, robótica colaborativa, y análisis predictivo, sin enfrentar problemas de compatibilidad. Esto acelera la implementación de soluciones avanzadas y permite la creación de aplicaciones que aprovechan múltiples fuentes de datos para ofrecer una visión integral de las operaciones.

No obstante, la interoperabilidad también presenta desafíos, especialmente en términos de seguridad. Un ecosistema tan diverso de dispositivos y aplicaciones puede aumentar la vulnerabilidad a ciberataques, por lo que es fundamental asegurar todas las conexiones.

En conclusión, la interoperabilidad es clave para conectar todos los componentes en un sistema IoT coherente, garantizando una comunicación fluida, la coexistencia de tecnologías y una mayor flexibilidad. Esto permite a las empresas aprovechar el poder de la automatización moderna y beneficiarse de un ecosistema más inteligente y colaborativo.

CIBERSEGURIDAD:

La ciberseguridad es un componente crítico en la implementación del Internet de las cosas en la automatización moderna. La interconexión de dispositivos, máquinas y sistemas trae consigo innumerables ventajas en términos de monitoreo, control y eficiencia, pero también genera riesgos significativos que deben ser gestionados cuidadosamente.

Una de las preocupaciones principales es el número creciente de puntos vulnerables que surgen con cada dispositivo conectado. Los sensores, actuadores y controladores en una red IoT pueden ser blancos de ataques si no están adecuadamente protegidos, y un solo dispositivo comprometido puede proporcionar una puerta de entrada a toda la red. Los atacantes pueden aprovechar estas brechas para robar información, alterar el funcionamiento de las máquinas o incluso causar interrupciones operativas significativas.

La falta de estándares de seguridad universales en la industria también puede dejar brechas. A menudo, los dispositivos IoT se fabrican con diferentes niveles de seguridad, y no todos los fabricantes incluyen mecanismos sólidos de protección, lo que aumenta la posibilidad de explotación. Además, muchas instalaciones industriales combinan dispositivos nuevos con sistemas más antiguos que no fueron diseñados con ciberseguridad en mente.

Para abordar estos desafíos, es fundamental adoptar una estrategia de seguridad holística. Esto implica implementar protocolos de autenticación sólidos, asegurando que solo dispositivos autorizados puedan acceder a la red. El cifrado de datos es crucial para proteger la información transmitida entre dispositivos y prevenir interceptaciones. Además, es esencial mantener los sistemas actualizados con los últimos parches de seguridad.

La segmentación de la red también es una táctica efectiva para minimizar el impacto de posibles ataques. Dividir la red en segmentos aislados puede limitar el acceso de un atacante a otras partes de la infraestructura. De esta forma, incluso si un dispositivo está comprometido, el daño se puede contener.

La capacitación del personal es igualmente importante, ya que los errores humanos son una fuente común de vulnerabilidades. Asegurar que los empleados estén informados sobre los riesgos y las mejores prácticas de ciberseguridad ayuda a prevenir infracciones accidentales.

Finalmente, es importante monitorear constantemente el tráfico y las actividades en la red para detectar comportamientos inusuales que podrían ser señales de un ataque. El uso de herramientas de análisis avanzado puede proporcionar alertas tempranas para responder rápidamente a posibles incidentes.

En resumen, la ciberseguridad es fundamental para mantener la integridad de las redes IoT y garantizar la continuidad de las operaciones. Implementar protocolos de seguridad sólidos, monitorear las redes y educar al personal son pasos esenciales para reducir los riesgos en un entorno de automatización cada vez más conectado.

Plataformas Accesibles para la Automatización

El avance de la automatización y la robótica ha dado lugar a una nueva generación de plataformas accesibles que han democratizado el desarrollo de proyectos personalizados. Arduino, ESP32, y Raspberry Pi son tres de las más populares, ofreciendo a entusiastas, estudiantes, y profesionales un enfoque práctico y de bajo costo para crear soluciones innovadoras. Estas plataformas han abierto un nuevo mundo de posibilidades en la automatización, desde la creación de dispositivos inteligentes para el hogar hasta sistemas complejos para la manufactura.

Arduino, originalmente concebido como una herramienta educativa, ha evolucionado para convertirse en una plataforma universal para la creación de prototipos electrónicos. Con su facilidad de programación y una extensa biblioteca de módulos y shields, permite a los usuarios desarrollar aplicaciones desde el control de luces hasta el monitoreo de la temperatura. Su popularidad ha impulsado una vibrante comunidad que comparte proyectos, código y documentación, haciéndolo una elección ideal para principiantes y profesionales por igual.

Por su parte, ESP32 es un microcontrolador más avanzado, que ofrece conectividad Wi-Fi y Bluetooth integrada, lo que lo hace ideal para aplicaciones de Internet de las cosas (IoT). Sus múltiples pines de entrada/salida y capacidad de procesamiento le permiten abordar una amplia variedad de proyectos, desde el control remoto de electrodomésticos hasta la recolección de datos ambientales en tiempo real. La comunidad ha desarrollado firmware y bibliotecas que permiten a los usuarios integrar fácilmente ESP32 en sus sistemas automatizados.

Raspberry Pi, a diferencia de Arduino y ESP32, es una microcomputadora completa que ofrece una plataforma robusta para el desarrollo de aplicaciones más complejas. Su sistema operativo basado en Linux, múltiples puertos de comunicación y compatibilidad con una variedad de lenguajes de programación lo convierten en una solución versátil para proyectos que requieren un procesamiento de datos más avanzado. Raspberry Pi puede ser la base de sistemas como servidores web, sistemas de reconocimiento facial, o centros de control para redes de sensores.

Estas plataformas, aunque con diferentes niveles de complejidad, comparten un enfoque hacia la accesibilidad. Sus bajos costos y facilidad de uso permiten a cualquier persona interesada en la automatización comenzar a experimentar con la tecnología y crear soluciones adaptadas a sus necesidades.

Este capítulo analizará en detalle cada una de estas plataformas, cubriendo sus características principales, ejemplos de aplicaciones y las ventajas que ofrecen cada una de ellas.

Juntas, estas plataformas representan un nuevo enfoque para la automatización, que combina la creatividad, la tecnología y la simplicidad en un paquete asequible.

ARDUINO:

Arduino es una plataforma de hardware y software que se ha convertido en sinónimo de proyectos de automatización accesibles. Nació en 2005 como una herramienta educativa para estudiantes, pero rápidamente se expandió para abarcar a un público mucho más amplio, desde entusiastas y makers, hasta ingenieros y empresas. La plataforma consta de una serie de placas de microcontroladores programables, software de desarrollo (Arduino IDE), y una extensa comunidad global que facilita el intercambio de ideas, proyectos y recursos.

Uno de los mayores puntos fuertes de Arduino es su facilidad de uso. Las placas están diseñadas para ser plug-and-play, lo que significa que cualquier persona con conocimientos básicos de electrónica puede conectarlas a un computador, instalar el software necesario y empezar a programar. El entorno de desarrollo (Arduino IDE) tiene una interfaz sencilla y emplea un lenguaje basado en C/C++ que es fácil de aprender. La disponibilidad de bibliotecas prediseñadas para todo tipo de módulos, desde sensores hasta pantallas, permite agregar funcionalidad con un mínimo de código.

Arduino es capaz de gestionar una amplia gama de proyectos, desde los más simples hasta los más avanzados. Algunos ejemplos comunes incluyen:

- <u>Automatización del hogar:</u> Control de luces, termostatos, cerraduras inteligentes, sistemas de riego automático, y más.
- <u>Robótica</u>: Creación de robots móviles, brazos robóticos y drones que pueden ser controlados a través de sensores y programación.

- **Medición y monitoreo:** Monitoreo ambiental con sensores de temperatura, humedad, presión y calidad del aire, así como el registro de datos en tarjetas SD o la transmisión a través de la nube.
- **Control de motores:** Gestión de motores paso a paso, servomotores y motores DC para diversas aplicaciones de movimiento.
- **Prototipos personalizados:** Desarrollo rápido de prototipos para probar ideas antes de implementarlas en una solución final.

Arduino ha desempeñado un papel clave en la democratización de la automatización, poniendo al alcance de cualquiera herramientas que antes estaban reservadas para ingenieros profesionales. Su comunidad global comparte código abierto, diagramas y tutoriales que permiten a los principiantes aprender rápidamente. Los módulos y shields disponibles hacen que agregar nuevas funcionalidades sea tan simple como conectarlos y cargar una biblioteca. Además, la compatibilidad con otros dispositivos, como los módulos Wi-Fi y Bluetooth, permite a los usuarios integrar Arduino en redes IoT para la automatización remota.

En resumen, Arduino ha redefinido el desarrollo de proyectos electrónicos al ofrecer una plataforma fácil de programar, económica y versátil. Esto la convierte en una opción ideal para quienes buscan automatizar procesos o experimentar con soluciones innovadoras en el ámbito de la electrónica y la robótica.

ESP32:

El ESP32, desarrollado por Espressif Systems, es un microcontrolador de 32 bits que ofrece una combinación única de potencia de procesamiento y conectividad, convirtiéndolo en una plataforma ideal para proyectos avanzados de automatización y aplicaciones de Internet de las cosas (IoT). Su capacidad de conexión Wi-Fi y Bluetooth integrada, junto con su precio económico, lo ha hecho muy popular entre entusiastas y profesionales.

El ESP32 cuenta con un procesador dual-core que puede alcanzar velocidades de hasta 240 MHz, lo que proporciona un alto rendimiento para tareas de control y procesamiento de datos. Tiene múltiples pines de entrada/salida (GPIO), ADCs para conversión analógico-digital, y soporte para varios protocolos de comunicación como UART, SPI e I2C. Además, incluye una amplia variedad de periféricos como controladores PWM, temporizadores, y una unidad de procesamiento de baja potencia para tareas de monitoreo mientras el resto del chip está en modo de suspensión.

Su conectividad Wi-Fi y Bluetooth integrada le permite interactuar con redes locales, acceder a servidores en la nube, o comunicarse directamente con teléfonos inteligentes y otros dispositivos inalámbricos.

El ESP32 es extremadamente versátil, lo que le permite abordar una amplia gama de aplicaciones avanzadas, como:

- IoT (Internet de las cosas): Puede conectar dispositivos remotos y recopilar datos en tiempo real, enviándolos a la nube para su monitoreo, análisis o control.

- **Control de dispositivos inalámbricos**: Permite que los dispositivos se controlen de forma remota a través de aplicaciones móviles, servidores web, o servicios de voz.
- **Medición de datos en tiempo real**: Monitorea variables ambientales y las transmite a una plataforma central, proporcionando actualizaciones en tiempo real para el control de calidad, la agricultura, la meteorología, y más.
- **Domótica**: Control de electrodomésticos, sistemas de iluminación, cerraduras inteligentes, y sistemas de seguridad.
- **Robótica y drones**: Gestiona el control preciso de motores, sensores y actuadores para robots móviles y drones.
- **Interfaces hombre-máquina (HMI)**: Puede mostrar información y recibir comandos a través de pantallas táctiles o dispositivos de entrada.

La comunidad del ESP32 ha desarrollado bibliotecas y firmware que hacen que sea relativamente fácil empezar a trabajar con el microcontrolador. Herramientas como el Arduino IDE, MicroPython, y el framework ESP-IDF proporcionan diferentes niveles de complejidad para que los usuarios puedan programar el ESP32 de acuerdo con sus necesidades. Además, hay muchos recursos en línea y foros comunitarios que ayudan a resolver problemas y compartir ideas.

En conclusión, el ESP32 proporciona una plataforma robusta y económica con una conectividad integrada que abre posibilidades para una automatización más avanzada. Gracias a su flexibilidad y rendimiento, es una opción perfecta para quienes buscan soluciones más sofisticadas en sus proyectos de automatización e IoT.

RASPBERRY PI:

La Raspberry Pi es una microcomputadora que ofrece una solución poderosa y versátil para proyectos que requieren un alto rendimiento y capacidades de procesamiento avanzadas. Concebida inicialmente como una herramienta educativa para enseñar informática a estudiantes, ha evolucionado para convertirse en una plataforma indispensable para desarrolladores, entusiastas y profesionales que buscan implementar aplicaciones complejas en el ámbito de la automatización, la robótica y el Internet de las cosas (IoT).

A diferencia de las placas de microcontrolador como Arduino o ESP32, la Raspberry Pi es una computadora completa que incluye un procesador ARM, memoria RAM y almacenamiento en una tarjeta microSD. Los modelos más recientes cuentan con procesadores quad-core que operan a velocidades de hasta 1.5 GHz, junto con 4 o 8 GB de RAM. Esto proporciona un nivel de rendimiento que permite ejecutar sistemas operativos completos como Raspberry Pi OS (anteriormente Raspbian), Ubuntu y otras distribuciones de Linux, así como Windows IoT Core.

La Raspberry Pi también cuenta con una GPU integrada, que permite la salida de video en alta definición a través de puertos HDMI, y es capaz de manejar gráficos avanzados y aplicaciones multimedia.

El soporte para múltiples lenguajes de programación, incluidos Python, C, C++, Java, Node.js y Scratch, entre otros, permite a los usuarios desarrollar aplicaciones personalizadas. La Raspberry Pi puede actuar como un servidor web, un controlador de dispositivos, un sistema de visión por computadora o cualquier aplicación que requiera un procesamiento avanzado.

La compatibilidad con una variedad de bibliotecas de software, frameworks de inteligencia artificial y herramientas de desarrollo, junto con una comunidad global activa, proporciona a los desarrolladores un conjunto de recursos robusto para implementar proyectos de manera rápida y eficiente.

Gracias a su capacidad de procesamiento y flexibilidad, la Raspberry Pi puede abordar proyectos de automatización complejos, como:

- Servidor web y base de datos: Puede alojar aplicaciones web y manejar bases de datos para controlar dispositivos conectados en una red o acceder a información desde la nube.
- Controlador de dispositivos inteligentes: Puede gestionar dispositivos domésticos conectados, como cámaras, luces, termostatos y electrodomésticos, a través de plataformas de software especializadas.
- Procesamiento de datos: Es capaz de recopilar datos de múltiples fuentes, procesarlos, y presentar análisis o informes de manera visual.
- Visión artificial: Mediante cámaras conectadas a sus puertos, puede identificar objetos, reconocer rostros,

y realizar tareas avanzadas de procesamiento de imágenes.
- Redes de sensores: Puede actuar como un nodo central que recopila datos de sensores inalámbricos para monitorear el entorno o controlar sistemas complejos.
- Aplicaciones multimedia: Puede funcionar como un centro de entretenimiento, servidor de streaming, o consola de juegos retro.

En resumen, la Raspberry Pi ofrece una solución flexible, potente y económica para proyectos de automatización que requieren procesamiento avanzado. Su capacidad para ejecutar sistemas operativos completos, junto con su amplia variedad de puertos de comunicación y programación flexible, la convierte en una plataforma ideal para aquellos que buscan crear soluciones sofisticadas en el ámbito de la automatización y el IoT.

OTRAS PLATAFORMAS MENOS POPULARES:

Existen otros microcontroladores que han ganado relevancia en la comunidad de entusiastas y profesionales debido a sus características y aplicaciones únicas:

- Teensy: Desarrollado por PJRC, es conocido por su alta velocidad y potencia, con modelos de hasta 600 MHz. Es compatible con el entorno de desarrollo Arduino, lo que facilita la programación, y es ideal para proyectos que requieren un procesamiento más avanzado.

- **STM32 (Nucleo Boards):** Fabricadas por STMicroelectronics, las placas de desarrollo STM32 ofrecen microcontroladores basados en arquitectura ARM Cortex, con múltiples periféricos integrados. Son populares en aplicaciones industriales y cuentan con un entorno de desarrollo propio, así como con compatibilidad con Arduino.
- **BeagleBone:** Una microcomputadora similar a Raspberry Pi, pero con más puertos de entrada/salida (GPIO) y características adicionales, como PRUs (Programmable Real-Time Units), que la hacen ideal para aplicaciones de automatización industrial y robótica.
- **Particle Photon:** Diseñado para el Internet de las cosas, este microcontrolador se centra en la conectividad Wi-Fi. Su plataforma en la nube permite gestionar dispositivos de forma remota, lo que facilita la creación de soluciones conectadas.
- **ESP8266:** Un predecesor del ESP32, el ESP8266 sigue siendo ampliamente utilizado en proyectos de IoT gracias a su bajo costo y conectividad Wi-Fi integrada. Es perfecto para aplicaciones que requieren menos potencia de procesamiento.
- **Adafruit Feather:** Una línea de placas diseñadas para ser ligeras y flexibles, con varias versiones que incluyen Wi-Fi, Bluetooth, y LoRa para conectividad inalámbrica. Son ideales para proyectos portátiles o de bajo consumo energético.

Aplicaciones Actuales de la Automatización

La automatización y la robótica han transformado profundamente numerosas industrias al mejorar la eficiencia, reducir costos y mantener una calidad consistente en la producción de bienes y servicios. Gracias a la inteligencia artificial, los sensores conectados y los sistemas de control, las máquinas pueden trabajar de forma autónoma o junto a los operadores humanos para agilizar procesos complejos y mantener una precisión sin precedentes.

En la manufactura, las líneas de producción han sido completamente rediseñadas con robots industriales, sistemas de control y tecnologías de visión artificial, lo que garantiza un flujo de trabajo continuo y una calidad uniforme. Los cobots complementan las habilidades humanas en tareas repetitivas o peligrosas, aumentando la seguridad.

En el sector salud, los robots quirúrgicos y los sistemas automatizados de farmacia están reduciendo los riesgos asociados con procedimientos médicos, mientras que las tecnologías de monitoreo y diagnóstico mejoran la precisión de los tratamientos. Los dispositivos conectados permiten el seguimiento continuo de los pacientes.

La agricultura ha evolucionado con el uso de robots agrícolas, drones y sistemas de riego inteligentes que maximizan el rendimiento, reducen el desperdicio y toman decisiones informadas a partir de datos en tiempo real.

Por último, la logística se ha vuelto más ágil gracias a robots móviles, sistemas de clasificación automática y vehículos autónomos que permiten una distribución rápida y precisa. Las soluciones de entrega mediante drones están cerca de volverse una realidad para la entrega directa al consumidor.

Veamos con mayor detalle cómo la automatización está cambiando cada una de estas industrias, impulsando una nueva era de productividad y eficiencia.

MANUFACTURA:

La manufactura es una de las industrias que ha experimentado los mayores cambios con la llegada de la automatización y la robótica. Las plantas de producción modernas están equipadas con una variedad de tecnologías diseñadas para mejorar la precisión, reducir costos y asegurar una producción constante. A continuación, se detallan algunas de las formas en las que la automatización ha transformado la manufactura, aunque muchos de ellos ya los mencionamos previamente vale la pena recordarlos brevemente:

<u>Robots Industriales</u>: Los robots industriales se utilizan para llevar a cabo una amplia variedad de tareas, desde soldar y ensamblar hasta pintar y manipular materiales. Gracias a sus múltiples grados de libertad y a los sistemas de programación avanzados, los robots pueden realizar trabajos complejos con una alta precisión. Esto no solo mejora la calidad, sino que también aumenta la productividad al reducir los tiempos de ciclo.

Cobots: Los robots colaborativos, o cobots, están diseñados para trabajar de manera segura junto a los trabajadores humanos. Realizan tareas repetitivas o físicamente exigentes, como la manipulación de piezas pesadas, lo que reduce la fatiga humana y minimiza el riesgo de lesiones. Los cobots también se adaptan fácilmente a cambios en la línea de producción, brindando flexibilidad.

Sistemas de Control (PLC y DCS): Los controladores lógicos programables (PLC) y los sistemas de control distribuido (DCS) supervisan y controlan los procesos de producción. Gestionan el flujo de trabajo, sincronizan la operación de diferentes máquinas y detectan anomalías para prevenir fallas. Los DCS, al tener una arquitectura distribuida, son ideales para plantas complejas, mientras que los PLC ofrecen un control más independiente.

Visión Artificial: Los sistemas de visión artificial, equipados con cámaras de alta resolución y software avanzado, inspeccionan piezas para garantizar la calidad. Identifican defectos en superficies, dimensiones incorrectas, y otros problemas que podrían afectar el producto final. Además, guían a los robots en tareas de ensamblaje y manipulación, asegurando que cada pieza esté en la posición correcta.

Fabricación Flexible: Los sistemas automatizados permiten cambiar la configuración de las líneas de producción para fabricar diferentes productos con un tiempo de preparación mínimo. Esto es esencial para satisfacer la demanda de productos personalizados o en lotes pequeños, lo que reduce el desperdicio y los costos de almacenamiento.

Gemelos Digitales: Se utilizan para simular y monitorear el rendimiento de una planta antes de implementar cambios en el mundo real. Esto ayuda a identificar cuellos de botella, optimizar procesos, y probar nuevas configuraciones sin interrumpir la producción.

La aplicación de estas tecnologías ha permitido a las empresas manufacturar productos con una calidad uniforme, a gran escala, y a un costo menor. La integración de la automatización en la manufactura no solo ha mejorado la eficiencia, sino que también ha abierto nuevas oportunidades para la personalización y la innovación en la producción.

SALUD:

La automatización y la robótica han transformado el sector salud al proporcionar herramientas que mejoran la precisión en los procedimientos médicos, agilizan los procesos administrativos y aseguran un mejor control en el diagnóstico y tratamiento de pacientes. Estas son algunas de las aplicaciones más destacadas en el ámbito sanitario:

Robots Quirúrgicos: Los robots quirúrgicos, como el sistema Da Vinci, permiten a los cirujanos realizar procedimientos complejos de forma mínimamente invasiva, lo que reduce el dolor postoperatorio y acelera la recuperación. Con brazos robóticos que replican los movimientos del cirujano y cámaras que proporcionan una visión ampliada del campo quirúrgico, los robots pueden operar con una precisión superior a la mano humana.

Sistemas de Diagnóstico Automatizados: Las tecnologías de diagnóstico automatizado analizan muestras de laboratorio para identificar infecciones, trastornos genéticos y otras condiciones médicas en tiempo récord. Estos sistemas combinan inteligencia artificial con equipos de procesamiento para realizar análisis precisos, mientras que los laboratorios pueden manejar un gran volumen de pruebas con un riesgo mínimo de errores.

Sistemas Automatizados de Farmacia: Los robots de farmacia seleccionan y dispensan medicamentos, eliminando errores humanos al cumplir recetas. Estos sistemas también rastrean la caducidad de los medicamentos, garantizando que los pacientes reciban dosis frescas y adecuadas. Además, permiten a los farmacéuticos centrarse en la atención al paciente en lugar de las tareas administrativas.

Telemedicina: La automatización también ha permitido que los dispositivos médicos conectados proporcionen monitoreo en tiempo real de pacientes desde cualquier lugar. Los dispositivos como monitores de glucosa, presión arterial o dispositivos de ECG envían datos a la nube, permitiendo a los profesionales de la salud vigilar las condiciones de los pacientes y responder de forma proactiva a cualquier cambio significativo.

Rehabilitación Robótica: Los robots de rehabilitación ayudan a los pacientes a recuperar la movilidad tras una lesión o enfermedad. Los exoesqueletos y dispositivos robóticos permiten a las personas con movilidad limitada realizar ejercicios terapéuticos con un control preciso, adaptando los movimientos a su nivel de habilidad.

Gestión de Registros Médicos Electrónicos (EMR): Los sistemas automatizados de registros médicos recopilan, organizan y analizan datos clínicos de los pacientes, facilitando el acceso de los profesionales médicos a información clave y reduciendo la duplicación de pruebas y tratamientos. Esto agiliza el flujo de trabajo en clínicas y hospitales.

El uso de estas tecnologías ha revolucionado el sector salud, mejorando la precisión y eficiencia de los procedimientos médicos, permitiendo diagnósticos más rápidos y una recuperación mejorada. La automatización ha facilitado la gestión de los recursos hospitalarios, permitiendo a los profesionales enfocarse en el cuidado directo de los pacientes, mientras que la robótica ha abierto nuevas fronteras en el campo de la medicina.

AGRICULTURA:

La agricultura ha sido tradicionalmente una industria que depende en gran medida de la mano de obra y de condiciones ambientales difíciles de controlar. Sin embargo, la automatización y la robótica han permitido que este sector evolucione hacia una producción más eficiente, sostenible y basada en datos. Aquí hay algunos ejemplos de cómo estas tecnologías están cambiando el rostro de la agricultura:

Robots Agrícolas: Los robots diseñados para la agricultura pueden realizar tareas específicas, como deshierbar, plantar y cosechar. Equipados con sistemas de visión artificial y brazos robóticos, pueden identificar y eliminar malas hierbas sin dañar los cultivos, optimizando el uso de herbicidas. También pueden recolectar frutas y verduras con una delicadeza y precisión que minimiza el desperdicio y mejora el rendimiento.

Drones Agrícolas: Los drones, equipados con cámaras y sensores, proporcionan a los agricultores una vista aérea de sus campos. Pueden identificar áreas afectadas por plagas, enfermedades o sequías, lo que permite un enfoque más preciso en la aplicación de pesticidas, fertilizantes y agua. También ayudan a monitorear el crecimiento y calcular el rendimiento proyectado, proporcionando información crítica para la planificación de la producción.

Sistemas de Monitoreo en Tiempo Real: Los sensores conectados instalados en el suelo recopilan datos sobre la humedad, la temperatura, la calidad del suelo y otros factores que afectan la salud de los cultivos. Estos datos se envían a la nube, donde los agricultores pueden analizarlos para tomar decisiones informadas sobre el riego, la fertilización y la rotación de cultivos. Esto permite un uso más eficiente de los recursos y reduce el impacto ambiental.

Sistemas de Riego Inteligente: Los sistemas de riego inteligentes, basados en los datos recopilados de sensores, pueden regular el suministro de agua a las plantas según sus necesidades exactas. Esto no solo ahorra agua, sino que también garantiza que cada planta reciba la cantidad adecuada en función de su ubicación y el tipo de suelo.

Ganadería Automatizada: En la ganadería, los sistemas automatizados pueden monitorear la salud de los animales, administrar la alimentación y proporcionar análisis detallados sobre su bienestar. Los robots ordeñadores pueden identificar cada vaca, conectar automáticamente las ventosas y realizar un ordeño higiénico y eficiente. Además, los collares inteligentes permiten rastrear a los animales en tiempo real.

Vehículos Autónomos: Los tractores y vehículos autónomos pueden trabajar en los campos de forma independiente, siguiendo rutas predefinidas para arar, plantar o fertilizar sin necesidad de un conductor. Esto libera a los agricultores para que se centren en otras tareas.

En resumen, la automatización en la agricultura ha permitido una mayor eficiencia en el uso de recursos, una reducción del desperdicio, y una mejora en la calidad y cantidad de las cosechas. Los agricultores ahora pueden gestionar sus tierras de una manera más informada y sostenible, contribuyendo a un futuro alimentario más seguro y próspero.

LOGÍSTICA:

La logística ha experimentado una transformación significativa con la introducción de la automatización y la robótica, que han permitido a las empresas gestionar el flujo de bienes de forma más eficiente y precisa. Desde el almacenamiento hasta la distribución, estas tecnologías están rediseñando la cadena de suministro para satisfacer las demandas del mercado moderno.

Robots Móviles: Los robots móviles autónomos (AMR) se utilizan para organizar y mover productos dentro de los almacenes, optimizando las rutas de recolección para minimizar los tiempos de viaje. A diferencia de los vehículos guiados automatizados (AGV), los AMR pueden navegar sin una pista predeterminada, utilizando sensores y algoritmos avanzados para identificar obstáculos y adaptarse dinámicamente a los cambios en el entorno.

Sistemas de Clasificación Automática: Los sistemas de clasificación automática, que emplean cintas transportadoras, lectores de códigos de barras y cámaras de visión artificial, pueden identificar, clasificar y agrupar productos en función de su destino o tipo, lo que reduce el tiempo de procesamiento y el riesgo de errores. Esto es especialmente útil para empresas de comercio electrónico que manejan un gran volumen de paquetes.

Gestión de Inventario: Los sistemas automatizados de gestión de inventario rastrean la ubicación exacta de cada artículo en tiempo real. Esto permite a las empresas reducir los niveles de existencias, minimizar el exceso de inventario, y evitar faltantes. Los robots voladores, como drones, también se utilizan para escanear rápidamente los estantes y realizar auditorías de inventario.

Vehículos Autónomos: Los vehículos autónomos están empezando a desempeñar un papel importante en la logística, transportando bienes entre centros de distribución o incluso entregando productos directamente a los consumidores. Los vehículos de reparto autónomos y los drones de entrega pueden realizar entregas en áreas urbanas de forma eficiente, sin necesidad de un conductor o piloto.

Gemelos Digitales: Los gemelos digitales permiten simular y monitorear las operaciones logísticas en tiempo real, optimizando las rutas de entrega, la gestión de almacenes y los horarios de recolección. Estos modelos virtuales ayudan a predecir cuellos de botella, reducir costos y mejorar el tiempo de respuesta ante problemas inesperados.

Empaque Automatizado: Los sistemas de empaque automatizado, con robots que embalan productos y sellan cajas, aceleran el proceso de preparación de pedidos. Pueden ajustar el tamaño del empaque para reducir el desperdicio de material y ahorrar espacio en el transporte.

Sistemas de Gestión de Transporte (TMS): Los TMS optimizan el uso de la flota, seleccionando rutas eficientes, combinando pedidos para reducir viajes, y rastreando el progreso de los envíos en tiempo real. Esto facilita una planificación logística más eficiente y la mejora de los tiempos de entrega.

En conjunto, estas aplicaciones están revolucionando la logística, permitiendo una cadena de suministro más rápida, eficiente y flexible. Las empresas pueden satisfacer mejor las demandas de los consumidores, reducir costos operativos, y mantener un nivel constante de precisión en el flujo de bienes.

Consideraciones Éticas y Futuras

La automatización y la robótica han traído consigo un gran potencial para mejorar la productividad, la calidad de vida, y la eficiencia en múltiples áreas, desde la manufactura y la agricultura hasta la salud y la logística. Sin embargo, este progreso plantea desafíos éticos que deben ser considerados cuidadosamente para evitar consecuencias negativas para la sociedad.

Uno de los principales desafíos es el desempleo. La automatización ha desplazado a trabajadores en tareas repetitivas, peligrosas o físicamente exigentes, ya que las máquinas pueden realizarlas con mayor precisión y consistencia. Esto puede dejar a muchas personas sin empleo, especialmente en sectores donde el trabajo manual ha sido tradicionalmente la principal fuente de ingresos. El reto consiste en encontrar un equilibrio entre la automatización y la protección de los trabajadores desplazados, facilitando su transición hacia nuevas habilidades y roles.

La privacidad es otro aspecto crítico. Los dispositivos conectados recopilan una cantidad masiva de datos sobre los usuarios, desde patrones de uso y preferencias hasta información personal o de salud. Esto plantea preocupaciones sobre quién tiene acceso a estos datos, cómo se utilizan y cómo se protegen. La ciberseguridad también está estrechamente relacionada con la privacidad, ya que los sistemas automatizados son susceptibles a ataques que podrían resultar en el robo o manipulación de datos.

La seguridad es una consideración primordial cuando se trata de máquinas que interactúan con seres humanos. Los robots colaborativos deben ser programados para evitar accidentes, mientras que los vehículos autónomos y drones deben estar diseñados para evitar colisiones. Las fallas en los sistemas de seguridad pueden tener consecuencias graves, por lo que las normas y regulaciones deben estar a la par del avance tecnológico.

El sesgo en la toma de decisiones automatizada también es motivo de preocupación. Los algoritmos que guían a las máquinas a menudo se basan en datos que pueden contener prejuicios inherentes, lo que podría llevar a decisiones injustas o discriminatorias. Asegurar la transparencia y responsabilidad en el desarrollo de estos algoritmos es esencial para evitar resultados sesgados.

La desigualdad económica es otro problema potencial. A medida que las empresas más grandes invierten en tecnología avanzada para aumentar su productividad y reducir costos, las empresas más pequeñas que no pueden permitirse estas inversiones podrían quedar atrás, creando un mayor desequilibrio en la economía. Esto también podría traducirse en una brecha digital entre países desarrollados y en desarrollo.

Además de estos desafíos, la automatización también plantea preguntas sobre el futuro del trabajo y el papel de los seres humanos en un mundo cada vez más automatizado. Si las máquinas pueden realizar la mayoría de las tareas, ¿qué roles quedarán para las personas? La educación y el aprendizaje continuo serán fundamentales para mantener la relevancia de los trabajadores.

Para comprender mejor estos desafíos, analizaremos varias áreas clave, lo que nos ayudará a comprender los desafíos éticos que debemos enfrentar al expandir la automatización y asegurar un desarrollo tecnológico más inclusivo y sostenible:

DESEMPLEO Y RECONVERSIÓN LABORAL:

La automatización ha desencadenado un cambio significativo en el panorama laboral, desplazando a muchos trabajadores en industrias donde las tareas manuales y repetitivas han sido reemplazadas por robots, sistemas de inteligencia artificial y software especializado. Este fenómeno ha creado una situación desafiante, ya que el desempleo afecta principalmente a los trabajadores que no tienen acceso a la educación y capacitación necesarias para adaptarse a las nuevas demandas laborales.

En sectores como la manufactura, la logística y el comercio minorista, la sustitución de tareas repetitivas por máquinas ha reducido la necesidad de mano de obra no cualificada. Las líneas de ensamblaje automatizadas, los almacenes manejados por robots móviles y los sistemas de autoservicio en tiendas son solo algunos ejemplos donde el trabajo manual ha sido reemplazado por tecnología. Esto ha generado una disminución significativa en la demanda de operarios, cajeros, almacenistas y otros trabajadores que solían desempeñar esas funciones.

A medida que el ritmo de la automatización continúa aumentando, otras industrias como el transporte, la salud y los servicios financieros también están experimentando cambios importantes. Los vehículos autónomos pueden afectar a los conductores, mientras que el uso de sistemas automatizados en hospitales y bancos está reduciendo la necesidad de algunos roles administrativos. El riesgo de desempleo afecta especialmente a los trabajadores mayores, quienes encuentran más difícil adaptarse a las nuevas tecnologías, y a aquellos con niveles más bajos de educación.

Para mitigar el impacto del desempleo, la reconversión laboral es una estrategia esencial que debe implementarse a nivel gubernamental y empresarial. Los programas de capacitación pueden ayudar a los trabajadores desplazados a adquirir nuevas habilidades en áreas como la programación, la gestión de datos, la robótica, y el análisis de información.

Educación Continua: Los trabajadores deben ser incentivados a continuar aprendiendo a lo largo de toda su carrera, especialmente en campos técnicos. Los cursos en línea, la educación en el lugar de trabajo, y las certificaciones especializadas son algunas formas de facilitar la adquisición de nuevas competencias.

Colaboración Empresa-Gobierno: Los gobiernos pueden asociarse con las empresas para financiar programas de capacitación que respondan a las necesidades específicas del mercado laboral, como la formación en habilidades técnicas o el aprendizaje de lenguajes de programación.

Transición a Nuevos Roles: La formación puede enfocarse en ayudar a los trabajadores a pasar de roles manuales a puestos de supervisión, mantenimiento o control, donde puedan trabajar junto con las máquinas para aprovechar al máximo sus capacidades.

Emprendimiento y Autoempleo: Fomentar el emprendimiento y el autoempleo puede permitir a las personas aprovechar sus habilidades y experiencia para crear nuevas oportunidades de negocio en sectores innovadores.

Las empresas también deben asumir un papel activo en la reconversión laboral. Además de ofrecer capacitación, pueden facilitar la movilidad interna, permitiendo a los trabajadores desplazados por la automatización encontrar nuevos roles dentro de la misma organización. Esto puede incluir roles en I+D, mantenimiento de equipos automatizados o gestión de procesos.

En resumen, abordar el desempleo y promover la reconversión laboral son aspectos críticos para reducir el impacto social de la automatización. Una estrategia bien diseñada que involucre a gobiernos, empresas y trabajadores puede ayudar a las personas a adaptarse y prosperar en la nueva economía digital.

PRIVACIDAD Y CIBERSEGURIDAD:

El avance de la automatización y el Internet de las cosas (IoT) ha generado una gran cantidad de datos que ofrecen una visión sin precedentes de los procesos industriales, las operaciones empresariales, y los hábitos de los consumidores. Sin embargo, esta abundancia de información también plantea preocupaciones críticas sobre la privacidad y la ciberseguridad, que deben ser abordadas para asegurar la integridad de los sistemas y proteger los datos personales.

La privacidad se ve comprometida cuando se recopilan, almacenan y comparten datos personales sin el conocimiento o el consentimiento de los usuarios. La automatización ha permitido la instalación de una variedad de dispositivos, como cámaras, micrófonos, sensores y dispositivos inteligentes, que monitorean la actividad en el hogar, el trabajo y las áreas públicas. Estos dispositivos pueden recopilar información detallada sobre los hábitos, preferencias y movimientos de las personas, creando un perfil que puede ser explotado por empresas, anunciantes o incluso actores malintencionados.

Datos Sensibles: Los sistemas automatizados en hospitales, bancos y organismos gubernamentales manejan datos sensibles que deben protegerse adecuadamente para evitar robos de identidad, fraudes financieros o la divulgación no autorizada de información médica.

Consentimiento y Transparencia: Las empresas deben informar claramente a los usuarios sobre qué datos se recopilan y para qué fines. También deben proporcionar opciones para que los usuarios gestionen el tipo de información compartida.

Análisis de Datos: Los algoritmos que procesan grandes volúmenes de datos pueden identificar patrones y tendencias que, si no se manejan correctamente, pueden exponer información confidencial sobre individuos o grupos.

La ciberseguridad implica la protección de los sistemas conectados y los datos que contienen frente a amenazas externas e internas. Los sistemas automatizados son un objetivo atractivo para los ciberdelincuentes debido a su interconexión y la sensibilidad de los datos que manejan.

Vulnerabilidades de Dispositivos IoT: Muchos dispositivos conectados tienen medidas de seguridad débiles o insuficientes, lo que los hace vulnerables a ataques que pueden comprometer toda una red.

Ransomware y Malware: Los ataques de ransomware pueden cifrar los datos de un sistema, dejándolo inoperativo hasta que se pague un rescate. El malware puede infiltrarse en los sistemas a través de correos electrónicos o archivos adjuntos maliciosos, permitiendo el acceso no autorizado.

Phishing y Manipulación Social: Los ciberdelincuentes pueden engañar a las personas para que revelen información confidencial mediante correos electrónicos o mensajes falsos que parecen legítimos.

Seguridad de la Red: Las redes industriales que interconectan sistemas de control, sensores y robots deben estar segmentadas para evitar que un ataque a un dispositivo se propague a través de la red.

Protección de Datos: El cifrado de los datos y el uso de autenticación multifactor son fundamentales para prevenir el acceso no autorizado a la información sensible.

Para abordar estos desafíos, es necesario implementar estrategias claras para proteger la privacidad y la seguridad:

Diseño Seguro: Los dispositivos deben diseñarse con medidas de seguridad integradas para evitar accesos no autorizados.

Capacitación: Los empleados deben recibir capacitación continua sobre ciberseguridad y privacidad para evitar caer en trampas de manipulación social.

Monitoreo: Los sistemas deben monitorearse constantemente para detectar actividades inusuales que puedan indicar un intento de ataque.

Cumplimiento Normativo: Las empresas deben cumplir con las normativas locales e internacionales para proteger los datos de los usuarios.

En conclusión, la privacidad y la ciberseguridad son consideraciones críticas en un mundo cada vez más automatizado y conectado. La protección de los datos y la seguridad de los sistemas debe ser una prioridad para garantizar la confianza de los usuarios y evitar daños significativos a nivel personal y organizacional.

SEGURIDAD Y REGULACIÓN:

La seguridad es una preocupación clave en la expansión de la automatización y la robótica, ya que muchas de las tareas que ahora se realizan automáticamente involucran la interacción directa con seres humanos y el control de procesos críticos. Garantizar que los sistemas funcionen de forma segura y predecible es esencial para evitar accidentes, abusos y fallos catastróficos.

Robots Industriales: Los robots industriales, que realizan tareas como la soldadura, el ensamblaje o el movimiento de materiales, requieren sistemas de seguridad que eviten accidentes cuando los trabajadores están cerca. Esto incluye la instalación de barreras físicas, sensores de movimiento y protocolos de parada de emergencia.

Robots Colaborativos (Cobots): Los Cobots están diseñados para trabajar junto a los humanos sin barreras, por lo que deben ser capaces de detenerse inmediatamente al detectar una colisión o la presencia de una persona en su entorno. Esto requiere sistemas de visión artificial, sensores de fuerza y algoritmos avanzados.

Vehículos Autónomos: Los vehículos autónomos deben identificar correctamente los obstáculos, otros vehículos y los peatones para evitar accidentes. Deben ser capaces de tomar decisiones rápidas y seguras incluso en condiciones difíciles, como la lluvia o el tráfico denso.

Drones: Los drones que operan en espacios públicos deben evitar colisiones con edificios, árboles, y otros drones, y asegurar que no caigan sobre personas u objetos.

Sistemas de Control: Los sistemas de control como los PLC y DCS deben ser protegidos contra fallos de comunicación, errores de programación, y fluctuaciones eléctricas que podrían causar interrupciones en los procesos que gestionan.

Redundancia: Los sistemas críticos deben diseñarse con redundancia para que, en caso de un fallo, otro sistema pueda tomar el control y evitar la pérdida de datos o el cese de operaciones.

Las regulaciones también juegan un papel importante en la creación de normas claras y consistentes para mantener la integridad de los sistemas automatizados.

Normas de Seguridad: Organizaciones como la Organización Internacional de Normalización (ISO) y la Comisión Electrotécnica Internacional (IEC) han desarrollado normas de seguridad para los sistemas robóticos, que establecen directrices sobre el diseño, la instalación, y la operación segura de estos dispositivos.

Certificación: Los fabricantes deben certificar sus sistemas de acuerdo con las normativas de seguridad vigentes para demostrar que cumplen con los estándares mínimos de calidad y protección.

Responsabilidad: En caso de accidentes, es esencial que exista claridad sobre quién es responsable de los daños causados, especialmente en sistemas complejos que combinan componentes de diferentes fabricantes.

Auditorías y Supervisión: Las empresas deben someterse a auditorías regulares para asegurar que sus sistemas cumplen con las regulaciones, y que se están tomando medidas para corregir cualquier deficiencia.

Ética: Las regulaciones también deben abordar cuestiones éticas, como la privacidad, la igualdad de oportunidades y la no discriminación, asegurando que los sistemas automatizados no causen perjuicios sociales.

En conclusión, la seguridad y la regulación son esenciales para asegurar que la automatización se implemente de forma responsable. Los estándares claros y la supervisión adecuada crean un entorno donde las máquinas pueden trabajar junto a los humanos de manera segura y productiva, maximizando los beneficios mientras minimizan los riesgos.

SESGO Y TRANSPARENCIA:

El sesgo y la falta de transparencia son preocupaciones importantes en la automatización y la robótica, especialmente cuando las decisiones automatizadas impactan directamente a las personas. Los algoritmos que impulsan estos sistemas no son infalibles y pueden reproducir los sesgos presentes en los datos en los que se basan, lo que resulta en decisiones injustas o discriminatorias. Para abordar estos problemas, es fundamental garantizar la transparencia en el desarrollo y la implementación de estos sistemas, asegurando que sus decisiones sean equitativas y explicables.

El sesgo en los algoritmos automatizados ocurre cuando las decisiones reflejan prejuicios presentes en los datos de entrenamiento o en las variables utilizadas. Esto puede llevar a resultados injustos y discriminatorios, especialmente cuando los algoritmos se aplican en áreas sensibles como la contratación, los préstamos, o el acceso a servicios públicos. Es fundamental comprender cómo surgen estos sesgos para poder mitigarlos eficazmente.

Datos Históricos: Muchos algoritmos se entrenan utilizando datos históricos que pueden contener sesgos inherentes. Por ejemplo, un sistema de contratación automatizado que se entrene con datos de empleados anteriores podría discriminar contra ciertos grupos si esos datos reflejan una discriminación pasada.

Variables Indirectas: Algunas variables utilizadas por los algoritmos pueden estar correlacionadas con características protegidas, como la raza, el género o la edad. Esto puede conducir a decisiones indirectamente discriminatorias, incluso si las variables protegidas no se incluyen directamente en el modelo.

<u>Disparidades en la Representación</u>: Cuando los datos de ciertos grupos están subrepresentados en el conjunto de entrenamiento, los algoritmos tienden a realizar peores predicciones para esos grupos. Esto puede generar resultados desproporcionadamente desfavorables.

Por otro lado, la transparencia es crucial para asegurar que las decisiones automatizadas sean comprensibles, responsables y corregibles. La falta de explicabilidad en los algoritmos complejos puede dificultar la rendición de cuentas y la corrección de errores, generando desconfianza en los sistemas. Implementar mecanismos de explicabilidad y documentación ayuda a los desarrolladores a identificar fallas y a los afectados a entender las decisiones.

<u>Explicabilidad</u>: Los modelos complejos, como las redes neuronales profundas, a menudo se consideran "cajas negras" debido a la dificultad de explicar cómo llegaron a una determinada decisión. Esto plantea problemas cuando las decisiones automatizadas afectan el acceso al empleo, los préstamos o los servicios.

<u>Responsabilidad</u>: Sin una comprensión clara de cómo se toman las decisiones, es difícil responsabilizar a los sistemas y sus creadores por los errores. Las empresas deben poder explicar los resultados de sus sistemas y corregir cualquier error identificado.

<u>Documentación</u>: Las empresas deben documentar cuidadosamente el desarrollo, entrenamiento y pruebas de los algoritmos para asegurar que se puedan identificar los

puntos donde podrían surgir sesgos y abordarlos de forma proactiva.

Auditorías Externas: Las auditorías externas por parte de expertos independientes pueden ayudar a identificar sesgos y evaluar la equidad de los algoritmos.

Por último, Para reducir el sesgo y mejorar la transparencia en los sistemas automatizados, es necesario desarrollar estrategias que consideren la diversidad en los datos, prueben la equidad de los modelos y apliquen filtros éticos. Además, los modelos interpretables, las auditorías externas y el uso de código abierto pueden mejorar la equidad y fomentar la confianza en estos sistemas.

Diversidad en los Datos: Incluir datos de una amplia gama de grupos y contextos para garantizar que los algoritmos sean representativos y no estén sesgados hacia ciertos grupos.

Pruebas de Equidad: Probar los algoritmos utilizando datos de diferentes grupos para identificar posibles disparidades en los resultados.

Filtros Éticos: Implementar filtros que detecten y corrijan sesgos en las predicciones.

Modelos Interpretable: Utilizar modelos más simples que sean comprensibles por los humanos, o implementar herramientas que permitan desglosar y explicar los modelos complejos.

Código Abierto: Publicar el código y las metodologías utilizadas para el desarrollo de los algoritmos puede ayudar a mejorar la transparencia y permitir a la comunidad identificar y corregir errores.

En resumen, la lucha contra el sesgo y la falta de transparencia en los algoritmos es esencial para garantizar la equidad en la toma de decisiones automatizada. Implementar prácticas éticas y abiertas ayudará a reducir el riesgo de discriminación y a generar confianza en estos sistemas.

DESIGUALDAD ECONÓMICA:

La automatización y la robótica han generado cambios profundos en la economía, impactando tanto a las empresas como a los trabajadores. Mientras que las tecnologías automatizadas mejoran la eficiencia y reducen costos, también tienen el potencial de ampliar la desigualdad económica entre empresas, trabajadores, y países. La transformación tecnológica ha creado un nuevo panorama donde el acceso a los recursos y la capacidad para adaptarse al cambio juegan un papel crítico.

Las grandes corporaciones tienen una ventaja en la adopción de la automatización debido a su capacidad financiera para invertir en tecnología avanzada. Esto les permite reducir costos, mejorar la productividad y ser más competitivas. Por otro lado, las pequeñas y medianas empresas (PYME) enfrentan dificultades para adquirir la misma tecnología, quedando en desventaja y perdiendo cuota de mercado. Esto puede resultar en una mayor concentración de poder económico en manos de unas pocas empresas, eliminando a la competencia más pequeña.

La automatización tiende a afectar desproporcionadamente a los trabajadores que desempeñan tareas rutinarias y repetitivas, ya que son más fáciles de reemplazar con máquinas. Los trabajadores con menor nivel educativo o capacitación específica suelen estar más expuestos al riesgo de perder su empleo. Mientras tanto, los trabajadores con habilidades técnicas avanzadas, como programación o gestión de datos, tienen más oportunidades en la economía digital. Esto puede profundizar la brecha salarial y dejar a ciertos grupos más vulnerables.

La automatización no afecta a todas las regiones por igual. Las economías avanzadas suelen estar mejor posicionadas para adaptarse al cambio debido a su infraestructura tecnológica, acceso a capital y mano de obra cualificada. En contraste, los países en desarrollo que dependen en gran medida de la producción manufacturera pueden enfrentar desafíos significativos a medida que las industrias migran hacia sistemas más automatizados.

A pesar de estos desafíos, la automatización también genera nuevas oportunidades económicas en sectores como el desarrollo de software, el análisis de datos, la inteligencia artificial, y la robótica. Las empresas pueden expandir sus operaciones con menos restricciones geográficas, y los trabajadores pueden beneficiarse de la reconversión laboral si reciben la capacitación adecuada.

Para mitigar los efectos de la desigualdad económica, es crucial implementar estrategias que incluyan:

<u>Capacitación</u>: Programas que ayuden a los trabajadores desplazados a adquirir habilidades técnicas para adaptarse a la economía digital.

Acceso a Financiamiento: Facilitar el acceso a financiamiento para las PYME, permitiéndoles invertir en tecnologías automatizadas.

Políticas de Protección Social: Garantizar que los trabajadores desplazados tengan acceso a la protección social durante su transición a nuevos roles.

Colaboración Internacional: Fomentar la colaboración entre países para compartir mejores prácticas en educación y desarrollo tecnológico, ayudando a cerrar la brecha entre economías avanzadas y en desarrollo.

Innovación Inclusiva: Desarrollar tecnología que pueda ser utilizada por empresas de todos los tamaños y sectores, asegurando que las ventajas de la automatización estén disponibles para todos.

En resumen, la automatización ha creado un entorno donde la desigualdad económica puede profundizarse si no se abordan estos desafíos. Implementar políticas y estrategias inclusivas ayudará a asegurar que los beneficios de la tecnología sean compartidos de manera más equitativa.

El Futuro de la Automatización y la Robótica

La automatización y la robótica han cambiado radicalmente el panorama de la producción, los servicios y la forma en que interactuamos con la tecnología. Mirando hacia el futuro, la inteligencia artificial, el machine learning y los robots colaborativos están a punto de redefinir por completo la forma en que vivimos y trabajamos. El desarrollo de estos campos presenta oportunidades apasionantes, pero también desafíos que debemos anticipar.

La inteligencia artificial (IA) está en el centro de esta transformación. Los avances en machine learning permiten a las máquinas aprender de los datos, adaptándose a nuevas tareas con poca intervención humana. Esto impulsa el desarrollo de sistemas autónomos que pueden tomar decisiones complejas en tiempo real. Los modelos de lenguaje natural, como los chatbots, están revolucionando la atención al cliente y la gestión de datos, mientras que las redes neuronales profundas están permitiendo el reconocimiento avanzado de patrones en imágenes, audio y otras fuentes de información.

La robótica colaborativa (Cobots) está preparada para expandir sus aplicaciones. Los Cobots están diseñados para trabajar en estrecha colaboración con los seres humanos, apoyándolos en tareas repetitivas, peligrosas o exigentes. A medida que la IA se integre en estos robots, podrán comprender mejor el entorno, predecir el comportamiento humano y trabajar de manera más segura y eficiente. Además, los cobots serán cada vez más accesibles para las pequeñas y medianas empresas, abriendo la puerta a una mayor adopción en diferentes sectores.

La expansión de la red 5G y la mejora de las tecnologías de comunicaciones permitirán una conectividad más rápida y fiable entre los dispositivos conectados. Esto facilitará la implementación de sistemas de automatización a gran escala, como los vehículos autónomos en ciudades inteligentes y la agricultura automatizada.

Los sistemas autónomos serán cada vez más comunes. Desde vehículos sin conductor y drones de entrega, hasta robots de mantenimiento e inspección de infraestructuras críticas, la capacidad de operar de manera independiente cambiará la forma en que los servicios se brindan a los consumidores. Esto también tendrá un impacto significativo en la gestión de la cadena de suministro, ya que los sistemas autónomos pueden responder rápidamente a las fluctuaciones en la demanda y reconfigurar sus procesos.

No obstante, estas tendencias presentan desafíos importantes, como la ciberseguridad, la ética y el futuro del trabajo. La protección de los datos generados por los sistemas autónomos, la prevención de fallos críticos y la creación de políticas que aborden los cambios en el empleo serán cruciales para un desarrollo sostenible.

Para comprender mejor el futuro de la automatización y la robótica, abordaremos tres áreas clave para poder comprender cómo se redefinirá el panorama de la automatización y la robótica, anticipándonos a un futuro donde la tecnología seguirá siendo un impulsor fundamental del cambio.

INTELIGENCIA ARTIFICIAL (IA) Y MACHINE LEARNING:

La inteligencia artificial (IA) y el machine learning (aprendizaje automático) son tecnologías que están redefiniendo la automatización, permitiendo que los sistemas sean más inteligentes, adaptativos y capaces de tomar decisiones complejas en tiempo real. Estas capacidades avanzadas están impulsando la innovación en múltiples sectores, desde la manufactura y la agricultura hasta la salud y la logística.

El aprendizaje supervisado y no supervisado son dos de las técnicas más comunes en machine learning. En el aprendizaje supervisado, los algoritmos se entrenan con datos etiquetados para aprender patrones específicos que luego pueden aplicar a nuevos datos. Esto es útil en aplicaciones como el reconocimiento de imágenes, donde el sistema aprende a identificar defectos en productos basándose en ejemplos previos. El aprendizaje no supervisado, por otro lado, agrupa datos en categorías desconocidas, lo que permite detectar patrones sin la necesidad de etiquetas. Esto se usa en el análisis de tendencias y segmentación de clientes.

Las redes neuronales profundas, una técnica dentro del machine learning, están revolucionando el campo al ofrecer una capacidad de procesamiento masiva y modelos de toma de decisiones más complejos. Inspiradas en el cerebro humano, estas redes pueden aprender a partir de grandes volúmenes de datos y realizar tareas como reconocimiento de voz, traducción automática, y análisis de datos en tiempo real. En la automatización, las redes neuronales se utilizan para predecir fallas en máquinas, optimizar procesos de manufactura y clasificar imágenes en sistemas de visión artificial.

Los modelos de lenguaje natural permiten que las máquinas entiendan y respondan a la comunicación humana con un alto grado de precisión. Los chatbots, asistentes virtuales, y sistemas de respuesta automatizada utilizan IA para interactuar con los clientes, ofrecer soporte técnico, y gestionar consultas en múltiples idiomas. En la automatización, estos modelos se integran con sistemas de software para realizar tareas administrativas o responder a solicitudes de servicio.

La IA ha impulsado el desarrollo de sistemas predictivos que pueden anticipar el comportamiento futuro basándose en datos históricos. Esto permite que los sistemas de control optimicen las operaciones en tiempo real, gestionando el consumo de energía, el flujo de materiales, y la programación de tareas de mantenimiento. En la agricultura, los sistemas predictivos ayudan a determinar los mejores momentos para plantar o cosechar, mientras que en la logística, predicen las tendencias de demanda para ajustar la cadena de suministro.

La combinación de la robótica con la IA ha dado lugar a sistemas autónomos que pueden navegar, manipular objetos, y aprender de sus entornos. Los robots móviles equipados con IA pueden mapear su entorno, esquivar obstáculos, y reconfigurar su ruta para cumplir con diferentes tareas. Los brazos robóticos con visión artificial pueden ensamblar piezas de forma independiente y clasificar productos con precisión.

En resumen, la inteligencia artificial y el machine learning están dando forma al futuro de la automatización, permitiendo sistemas que aprenden, se adaptan y toman decisiones informadas en tiempo real. A medida que estas tecnologías se integren cada vez más en los procesos industriales, transformarán la forma en que interactuamos con la tecnología, creando nuevas oportunidades en todos los sectores.

SISTEMAS AUTÓNOMOS:

Los sistemas autónomos están preparados para transformar la forma en que interactuamos con la tecnología, permitiendo que dispositivos y máquinas operen de forma independiente y tomen decisiones sin intervención humana directa. Esto se logra mediante la combinación de sensores, inteligencia artificial (IA) y algoritmos avanzados que les permiten navegar y reaccionar ante entornos complejos. Las aplicaciones de los sistemas autónomos están expandiéndose en una variedad de sectores, desde el transporte hasta la agricultura, la logística y la inspección de infraestructuras críticas.

Vehículos Autónomos: Los vehículos autónomos, como los coches sin conductor, están redefiniendo la movilidad. Equipados con sistemas de visión artificial, sensores lidar (Light Detection and Ranging), cámaras y radares, estos vehículos pueden identificar señales de tráfico, peatones, ciclistas, y otros vehículos para navegar de forma segura por la carretera. Los algoritmos de machine learning permiten que los coches aprendan de las situaciones de tráfico, mejorando sus decisiones con cada viaje. Los vehículos autónomos también tienen el potencial de optimizar el uso de la infraestructura de transporte, reducir los accidentes, y proporcionar un acceso más inclusivo a la movilidad.

Drones: Los drones están revolucionando la agricultura, la logística, y la inspección de infraestructuras. En la agricultura, los drones pueden sobrevolar los campos para identificar zonas afectadas por plagas, monitorear el crecimiento de los cultivos, y calcular el rendimiento. En la logística, están siendo probados para entregas rápidas de paquetes, y en áreas urbanas, para evitar el tráfico terrestre. También son herramientas valiosas para la inspección de infraestructuras críticas, como líneas eléctricas, puentes, y oleoductos, donde pueden identificar daños o defectos sin necesidad de poner en riesgo al personal.

Robots Autónomos: Los robots autónomos están empezando a desempeñar un papel fundamental en la fabricación, la minería, y la exploración espacial. Equipados con IA y visión artificial, pueden realizar tareas peligrosas como la manipulación de materiales tóxicos, el mantenimiento de maquinaria pesada, o la exploración de minas y otros entornos hostiles. Los robots móviles en los almacenes y centros de distribución pueden reorganizar productos, gestionar inventarios, y prepararse para el embalaje, mejorando la eficiencia de la cadena de suministro.

Sistemas de Transporte Público: Los sistemas autónomos también están siendo aplicados en el transporte público, con trenes y autobuses que pueden navegar de forma independiente entre estaciones. Esto permite un transporte más preciso, eficiente y sin interrupciones, mientras que las infraestructuras inteligentes ayudan a reducir el tiempo de espera y a optimizar las rutas.

A pesar de las oportunidades, los sistemas autónomos enfrentan desafíos importantes. La ciberseguridad es una preocupación crítica, ya que un ataque a los sistemas podría tener consecuencias graves para la seguridad y la privacidad. Los algoritmos de IA deben ser diseñados para evitar sesgos y discriminar adecuadamente entre diferentes obstáculos. Además, las regulaciones deben evolucionar para permitir el uso seguro de los sistemas autónomos en entornos públicos, asegurando que se implementen de manera responsable y ética.

En resumen, los sistemas autónomos están listos para revolucionar múltiples sectores, proporcionando soluciones más eficientes, precisas, y seguras. Sin embargo, se necesita una implementación cuidadosa para garantizar que estas tecnologías estén alineadas con los intereses y necesidades de la sociedad.

TRANSFORMACIÓN DEL TRABAJO:

La creciente adopción de la automatización y la robótica está transformando el mundo laboral de manera irreversible. Aunque estas tecnologías ofrecen grandes beneficios en productividad y eficiencia, también presentan desafíos para los trabajadores, las empresas y la sociedad. La transformación del trabajo en un mundo cada vez más automatizado requiere adaptabilidad y nuevas estrategias para garantizar un equilibrio justo entre los beneficios económicos y el bienestar social.

Desplazamiento de Empleos: La automatización ha reemplazado muchas tareas manuales y rutinarias que tradicionalmente realizaban los trabajadores humanos. Sectores como la manufactura, la logística y la agricultura han visto una reducción significativa de trabajos que pueden ser realizados de manera más eficiente por máquinas. Esto ha generado un temor legítimo al desplazamiento laboral, especialmente en trabajos de bajo nivel de cualificación.

Creación de Nuevos Roles: A pesar del desplazamiento de algunos trabajos, la automatización también ha creado nuevas oportunidades laborales en áreas técnicas, como el desarrollo de software, la gestión de datos, el mantenimiento de robots, y el análisis de procesos. Los trabajadores con habilidades técnicas avanzadas tienen un mayor acceso a estos nuevos roles. Además, la creatividad humana sigue siendo esencial para identificar nuevas oportunidades de negocio y diseñar soluciones innovadoras que complementen la automatización.

Cambio de Habilidades: La naturaleza de los trabajos está cambiando, y con ello, las habilidades necesarias para tener éxito en el mercado laboral. Las competencias técnicas en programación, análisis de datos, mantenimiento de equipos automatizados y diseño de soluciones digitales son cada vez más valiosas. Además, las habilidades blandas, como la comunicación, la adaptabilidad y la creatividad, también son fundamentales para roles que requieren colaboración con equipos multidisciplinarios y resolución de problemas complejos.

Educación y Capacitación: La educación debe evolucionar para reflejar las nuevas demandas del mercado laboral. Los programas académicos deben adaptarse para incluir materias como la programación, la robótica, y el análisis de datos desde una etapa temprana. Además, la capacitación continua es esencial para que los trabajadores puedan actualizar sus habilidades y mantenerse competitivos. Los programas de aprendizaje y las certificaciones especializadas pueden ser efectivos para ayudar a las personas a adquirir nuevas competencias.

<u>Trabajo Colaborativo</u>: Los robots colaborativos, o cobots, están permitiendo un trabajo conjunto entre humanos y máquinas. Mientras los cobots manejan las tareas repetitivas o peligrosas, los humanos pueden concentrarse en tareas más creativas o en la resolución de problemas. Esto crea un entorno donde la automatización aumenta las capacidades humanas, en lugar de reemplazarlas por completo.

<u>Políticas Públicas</u>: Es necesario que las políticas públicas promuevan una transición justa hacia un futuro más automatizado. Las iniciativas pueden incluir programas de reconversión laboral, apoyo financiero a los trabajadores desplazados, y la incentivación de la innovación y el emprendimiento. La protección social y el acceso a una educación inclusiva también son esenciales para garantizar que todas las personas tengan la oportunidad de participar en la nueva economía.

En resumen, la transformación del trabajo está redefiniendo la forma en que producimos y creamos valor. Para aprovechar al máximo las oportunidades que ofrece la automatización, se necesita un enfoque colaborativo que involucre a las empresas, los gobiernos, y la sociedad para crear un entorno laboral que sea más inclusivo, justo y resiliente frente a los cambios tecnológicos.

II. PROYECTOS CON MICROCONTROLADORES

Los microcontroladores han abierto un mundo de posibilidades para la automatización y la robótica, permitiendo a entusiastas y profesionales diseñar soluciones personalizadas para una amplia gama de aplicaciones. Plataformas como Arduino y ESP32 son populares por su versatilidad, facilidad de uso y una sólida comunidad que ofrece numerosas bibliotecas de hardware y software. Desde la recopilación de datos y el control de dispositivos, hasta la comunicación inalámbrica con sensores remotos, estos microcontroladores brindan una base ideal para proyectos prácticos en automatización.

Este capítulo abordará cómo aprovechar al máximo estos microcontroladores para crear sistemas innovadores. Comenzaremos mostrando cómo Arduino y ESP32 pueden utilizarse para recopilar datos, empleando pines analógicos y digitales para conectar sensores que midan variables como temperatura, presión, humedad y gases. Los datos recopilados pueden ser procesados por los microcontroladores o enviados a dispositivos externos a través de varios protocolos de comunicación.

También exploraremos Thinkspeak, una plataforma de análisis de datos en la nube que permite el almacenamiento, procesamiento y visualización de datos de sensores. Thinkspeak se integra perfectamente con los microcontroladores Arduino y ESP32, permitiendo a los desarrolladores enviar datos a la nube para su monitoreo y análisis en tiempo real. Con Thinkspeak, es posible establecer alertas personalizadas, crear visualizaciones detalladas, y desarrollar aplicaciones IoT que aprovechen al máximo la recopilación de datos.

Abordaremos también los sensores populares, cómo conectarlos y obtener mediciones precisas. Veremos ejemplos prácticos como sistemas de monitoreo ambiental que envían alertas cuando los niveles de gases superan un umbral seguro, o cuando la humedad y la temperatura alcanzan valores inusuales. Estos sistemas son esenciales para el control de calidad del aire, la salud ambiental, y la detección de condiciones críticas.

La comunicación de datos es fundamental en la automatización moderna, y aprenderemos a enviar datos de sensores a través de Bluetooth, WiFi y LoRa. Bluetooth permite la conexión a dispositivos móviles, mientras que WiFi facilita el acceso remoto y la integración con Thinkspeak. LoRa es ideal para la comunicación a larga distancia en áreas rurales o difíciles. Veremos ejemplos como sistemas de riego inteligentes, monitoreo de cultivos, o redes de sensores en entornos urbanos.

Este capítulo proporcionará una introducción integral a los proyectos con microcontroladores, desde la recopilación de datos hasta la comunicación y el análisis en la nube. Ofrecerá ejemplos prácticos para ayudar a los entusiastas de la automatización a desarrollar soluciones personalizadas que aborden problemas del mundo real.

Empleando Arduino y ESP32 para Recopilar Datos

Los microcontroladores Arduino y ESP32 son herramientas extremadamente versátiles para la recopilación de datos en una amplia variedad de aplicaciones. Gracias a su diseño modular, facilidad de programación y bibliotecas disponibles, estas plataformas permiten a los desarrolladores conectar una gran variedad de sensores y crear proyectos personalizados de monitoreo. A continuación se muestran algunas formas prácticas en las que estos microcontroladores pueden emplearse para recopilar datos. Empecemos primero con los tipos de sensores y su forma de conexión con aquellos.

CONEXIÓN DE SENSORES:

Sensores Analógicos: Arduino y ESP32 vienen equipados con pines analógicos que permiten leer datos de sensores con salidas de voltaje variable, como sensores de temperatura, fotocélulas o sensores de humedad del suelo. Al conectar estos sensores a los pines analógicos, los microcontroladores pueden interpretar las señales y convertirlas en datos digitales.

Sensores Digitales: Los sensores digitales como el DHT22 o BMP280 utilizan protocolos de comunicación como I2C o SPI para enviar datos a los microcontroladores. Arduino y ESP32 incluyen pines digitales configurables que pueden leer y procesar los datos de estos sensores.

CONFIGURACIÓN DE SOFTWARE:

Veamos ahora el software que se requiere para su programación y así poder interactuar con ellos. Comprender el entorno de desarrollo es esencial para aprovechar al máximo las capacidades de los microcontroladores.

Arduino IDE: El Arduino IDE (Integrated Development Environment) es el entorno de desarrollo que permite programar y compilar fácilmente programas para los microcontroladores de la familia Arduino, así como para dispositivos de otras familias, como el mismo ESP32. El IDE incluye un editor de código sencillo pero funcional que permite escribir, modificar y depurar programas (llamados sketches) en el lenguaje Arduino, basado en C/C++.

Una característica esencial del Arduino IDE es su versatilidad. Los programas escritos en el IDE pueden compilarse para diferentes placas Arduino, como el Arduino Uno, Mega, Nano, entre otras. Además, es posible compilar para otros microcontroladores agregando complementos de terceros, como los de la familia ESP32, ESP8266 y muchas otras plataformas compatibles.

El entorno también permite la inclusión de librerías, que son conjuntos de código predefinido que simplifican el manejo de sensores, módulos y protocolos de comunicación. Estas librerías están disponibles para una amplia gama de dispositivos, desde sensores de temperatura y humedad hasta módulos WiFi, pantallas y motores. Los usuarios pueden descargar estas librerías directamente desde el administrador de librerías del IDE o instalarlas manualmente.

Además, el IDE proporciona una función de monitor serie, que permite visualizar y depurar datos en tiempo real directamente desde el microcontrolador. Los usuarios pueden usar este monitor para comprobar los datos obtenidos de sensores, verificar el flujo del programa, o probar las respuestas del dispositivo a diferentes comandos.

En resumen, el Arduino IDE es una herramienta versátil y potente para desarrollar programas que permiten a los microcontroladores interactuar con el mundo real. Su compatibilidad con múltiples dispositivos, su extensa librería de módulos, y su facilidad de uso lo convierten en una herramienta ideal para entusiastas y profesionales que deseen crear soluciones personalizadas.

ESP-IDF: El ESP32 puede programarse utilizando el marco de desarrollo de Espressif conocido como ESP-IDF (Espressif IoT Development Framework), que ofrece un entorno robusto y flexible para la creación de aplicaciones. Este marco incluye una amplia variedad de bibliotecas y herramientas diseñadas específicamente para aprovechar al máximo las características avanzadas del ESP32, como los múltiples núcleos de procesamiento, la conectividad WiFi y Bluetooth, y la compatibilidad con diferentes protocolos de comunicación. ESP-IDF es compatible con múltiples lenguajes de programación, permitiendo una personalización profunda de las aplicaciones.

El ESP32 también puede programarse utilizando el entorno IDE de Arduino visto anteriormente, lo que lo hace accesible para aquellos que ya están familiarizados con dicha plataforma. El ESP32 también es compatible con otros entornos de desarrollo, como PlatformIO, que se integra con editores de texto avanzados y ofrece herramientas adicionales para el desarrollo de proyectos IoT.

TIPOS DE APLICACIONES:

A continuación mencionamos varias aplicaciones prácticas relacionadas con la recopilación de datos que podemos desarrollar con estos microcontroladores:

Monitoreo Ambiental: Conectar sensores de temperatura, presión, humedad y gases a Arduino o ESP32 permite monitorear las condiciones ambientales de una habitación, invernadero o área industrial. Los datos se pueden procesar para activar alarmas o enviar notificaciones cuando se detecten valores críticos.

Sistemas de Seguridad: Los microcontroladores pueden integrarse con sensores de movimiento y cámaras para crear sistemas de seguridad que monitoricen el entorno, registren imágenes y envíen alertas en caso de actividad sospechosa.

Automatización Agrícola: En la agricultura, Arduino y ESP32 pueden gestionar sensores de humedad del suelo, luz y temperatura para automatizar el riego, la ventilación y otros procesos, maximizando la eficiencia del cultivo.

En conclusión, Arduino y ESP32 son microcontroladores ideales para proyectos de recopilación de datos, gracias a su flexibilidad y a su capacidad de conectarse con una gran variedad de sensores. Con un poco de configuración y programación, estos microcontroladores pueden adaptarse a muchas aplicaciones prácticas, proporcionando información en tiempo real para tomar decisiones informadas y optimizar los procesos.

Sensores Populares

En los proyectos de automatización y robótica, la capacidad de medir variables ambientales es fundamental. Los sensores que miden temperatura, humedad, presión y gases son cruciales para una amplia gama de aplicaciones, desde el monitoreo del clima y la gestión ambiental hasta el control de procesos industriales y la seguridad. A continuación, exploraremos algunos de los sensores más populares utilizados en proyectos con microcontroladores como Arduino y ESP32.

SENSORES DE TEMPERATURA:

- DS18B20: Este es un sensor de temperatura digital que proporciona lecturas de alta precisión y se comunica a través de un bus digital One-Wire, lo que significa que múltiples DS18B20 pueden conectarse en paralelo utilizando un solo pin de datos del microcontrolador.
- LM35: Un sensor de temperatura analógico que ofrece una salida lineal, lo que facilita la lectura de temperaturas sin la necesidad de conversiones complejas. Es ideal para aplicaciones que requieren una rápida respuesta a los cambios de temperatura.

SENSORES DE HUMEDAD:

- DHT22: Este sensor es ampliamente utilizado por su capacidad para medir tanto la temperatura como la humedad. Es conocido por su facilidad de uso y

precisión razonable, haciéndolo ideal para proyectos de monitoreo ambiental en interiores.
- BME280: Un sensor compacto que mide la temperatura, la humedad y la presión atmosférica. Su alta precisión y bajo consumo de energía lo hacen adecuado para estaciones meteorológicas portátiles y aplicaciones IoT avanzadas.

SENSORES DE PRESIÓN:

- BMP280: Este sensor de Bosch es capaz de medir tanto la presión atmosférica como la temperatura. Se utiliza en aplicaciones meteorológicas y altímetros, y puede ayudar en la predicción del clima y en la navegación de drones.
- MPX5010: Un transductor de presión que convierte la presión de fluidos o gases en una señal analógica, útil en aplicaciones médicas, automotrices y de control de procesos.

SENSORES DE GASES:

- MQ-2: Sensor de gas que puede detectar gases como LPG, propano, metano, alcohol y humo. Es útil en sistemas de seguridad en el hogar para la detección de fugas de gas y como parte de sistemas de monitorización de la calidad del aire.
- MQ-7: Específico para la detección de monóxido de carbono, este sensor es esencial en aplicaciones de seguridad donde la presencia de este gas tóxico debe ser detectada de manera fiable.

Estos sensores se pueden integrar con microcontroladores a través de interfaces analógicas o digitales y pueden ser leídos con relativa facilidad utilizando las bibliotecas disponibles en plataformas como Arduino. La implementación de estos sensores en proyectos de automatización y robótica no solo amplía las funcionalidades del sistema sino que también mejora la capacidad de interactuar y controlar el entorno de manera más efectiva.

Envío de Datos

Existen muchas formas de transmisión de datos, cada una con diferentes características. En proyectos de automatización, la forma en que se envían los datos de los sensores depende de los requerimientos específicos, como el alcance de la comunicación, el consumo de energía, la velocidad de transmisión, y las condiciones del entorno. Las tecnologías inalámbricas pueden clasificarse en tres categorías principales según su alcance.

BAJO ALCANCE:

Las tecnologías de bajo alcance son ideales para comunicar datos entre dispositivos cercanos, generalmente en un mismo entorno.

Bluetooth Clásico: Es la versión estándar de Bluetooth, adecuada para la transmisión de datos a distancias cortas, hasta 10 metros. Útil para conectar microcontroladores a teléfonos inteligentes o computadoras.

Bluetooth Low Energy (BLE): Una versión optimizada de Bluetooth que reduce el consumo energético, ideal para aplicaciones IoT y dispositivos portátiles como monitores de salud o balizas de ubicación.

Zigbee: Un protocolo de comunicación diseñado para redes en malla que permite conectar múltiples dispositivos a distancias cortas. Útil en redes domésticas inteligentes y sistemas de monitoreo.

MEDIANO ALCANCE:

Las tecnologías de medio alcance permiten conectar dispositivos a redes locales o acceder a Internet.

WiFi: Tecnología ampliamente utilizada para conectar dispositivos a redes domésticas, industriales o comerciales. El WiFi es rápido y puede manejar grandes cantidades de datos, perfecto para aplicaciones como cámaras de seguridad, monitoreo ambiental o almacenamiento en la nube.

ALTO ALCANCE:

Las tecnologías de alto alcance se enfocan en cubrir grandes distancias, típicamente a costa de un menor ancho de banda.

LoRa (Long Range): Es un protocolo de comunicación de largo alcance que utiliza señales de baja potencia para cubrir distancias de hasta 10-15 km en zonas rurales. Ideal para monitoreo agrícola, seguimiento de ganado y redes de sensores en áreas remotas.

LoRaWAN: Una red de área amplia de baja potencia basada en el protocolo LoRa. Permite conectar nodos LoRa a una puerta de enlace central que envía datos a un servidor o plataforma en la nube.

NB-IoT (Narrowband IoT): Protocolo que aprovecha las redes móviles para transmitir datos a largas distancias con bajo consumo. Útil para redes de sensores en entornos urbanos, donde las señales pueden atravesar obstáculos como edificios.

Celular (LTE, 5G): Las redes celulares ofrecen una gran cobertura para la transmisión de datos a largas distancias. LTE (4G) es ampliamente compatible, mientras que 5G ofrece una conectividad ultrarrápida con baja latencia. Se utilizan en aplicaciones donde se requiere una transmisión rápida y fiable, como vehículos autónomos o sistemas de emergencia.

6G y 7G: Para el momento de la publicación de este libro las tecnologías 6G y 7G se encontraban aún en desarrollo, con planes para ofrecer conexiones inalámbricas revolucionarias en comparación con 5G. La tecnología 6G se centrará en velocidades ultrarrápidas, baja latencia, mayor capacidad y cobertura global. Incluirá frecuencias sub-terahercios, superando los 100 GHz, con uso de inteligencia artificial (IA) para mejorar la transmisión. Se espera un gran impacto en comunicaciones en tierra, mar, cielo y espacio. Además, ofrecerá comunicaciones de alta eficiencia energética y bajo costo, buscando comercializarse hacia 2030 (NTT Group) (Asia Times). Se prevé que 6G facilite aplicaciones como holografías en tiempo real, inteligencia artificial avanzada y comunicaciones globales de alta capacidad.

Respecto a 7G se entiende que seguirá ampliando los límites de las comunicaciones móviles al mejorar el modelado y uso de ondas en el nivel de los terahercios (THz). Esto permitirá una transmisión de datos extremadamente rápida, integrando la realidad aumentada, la inteligencia artificial y otros avances (Frontiers). El modelado de señales y la interferencia en el campo cercano serán algunos de los desafíos técnicos a superar para maximizar la eficiencia y evitar interrupciones de señal (EqualOcean).

La implementación de estas tecnologías requerirá cooperación entre empresas y gobiernos, además de la creación de infraestructura específica para el manejo de las nuevas frecuencias y la creciente demanda.

Estas tecnologías, cuando se eligen y aplican correctamente, ofrecen soluciones de comunicación eficientes para una amplia gama de proyectos de automatización.

III. REDES IOT Y COMUNICACIÓN REMOTA

La implementación de redes IoT (Internet de las Cosas) ha revolucionado la forma en que las máquinas interactúan entre sí y con los seres humanos. Las redes IoT conectan dispositivos a gran escala, permitiendo que recopilen datos, se comuniquen y transmitan información hacia sistemas remotos, ya sea en la nube o en servidores locales. Esta infraestructura permite controlar, monitorear y gestionar una variedad de dispositivos, desde electrodomésticos y sensores ambientales, hasta maquinaria industrial y vehículos autónomos.

Las redes IoT son fundamentales para aprovechar al máximo las oportunidades que ofrece la digitalización y la automatización. Algunas razones por las que son vitales incluyen:

Gestión de Datos: La capacidad de recopilar datos en tiempo real permite una toma de decisiones más informada y eficaz.

Automatización de Tareas: Los sistemas pueden controlar y automatizar dispositivos con base en condiciones predefinidas, lo que incrementa la eficiencia.

Flexibilidad y Escalabilidad: Los dispositivos pueden ser añadidos o eliminados según sea necesario, lo que permite que las redes se adapten a nuevos desafíos.

Si bien las redes IoT ofrecen enormes ventajas, también enfrentan varios desafíos:

Seguridad y Privacidad: El riesgo de ataques cibernéticos es significativo, ya que cada dispositivo representa un potencial punto de acceso no autorizado.

Interoperabilidad: La diversidad de protocolos y estándares dificulta la comunicación entre diferentes dispositivos y plataformas.

Consumo de Energía: Muchos dispositivos funcionan con baterías, por lo que el consumo energético eficiente es clave para una operación sostenida.

Componentes Clave de una Red IoT:

Los sistemas de Internet de las Cosas (IoT) se basan en la interacción de múltiples componentes para recopilar, procesar y transmitir datos de manera eficiente y fiable. A continuación, describimos los elementos clave que permiten a una red IoT funcionar correctamente:

1. DISPOSITIVOS IOT:

Estos son los dispositivos que se encuentran distribuidos en el entorno y que tienen la capacidad de recopilar datos de sensores, controlar actuadores o ambos. Algunos ejemplos comunes incluyen:

- Sensores: Dispositivos que miden condiciones ambientales como temperatura, humedad, presión, movimiento, luz, y gases, transmitiendo esta información a otros sistemas.
- Actuadores: Componentes que interactúan con el entorno, como válvulas, motores, cerraduras, y luces.
- Microcontroladores y Gateways Locales: Microcontroladores como Arduino o ESP32, o microcomputadoras como Raspberry Pi, actúan como nodos intermedios, capturando datos de los sensores y gestionando la comunicación con otros nodos.

2. PASARELA IOT (GATEWAY):

La pasarela IoT es un dispositivo que recoge los datos de múltiples sensores y dispositivos conectados para enviarlos a una red local o a la nube. Funciona como un puente entre las redes locales (WiFi, Bluetooth, Zigbee) y redes de área amplia como LoRaWAN, NB-IoT o LTE. Las funciones clave de una pasarela incluyen:

- Protocolo de Traducción: Convertir los datos entre diferentes protocolos para asegurar la comunicación con los servidores en la nube.
- Procesamiento Local: Realizar un procesamiento previo de los datos antes de enviarlos, reduciendo la carga en la nube.
- Seguridad: Proteger la red local contra amenazas y accesos no autorizados.

3. PLATAFORMAS IOT:

Las plataformas IoT son sistemas basados en la nube que permiten gestionar los datos de la red, visualizar información relevante y ejecutar análisis para extraer valor. Algunas de sus características incluyen:

- Procesamiento de Datos: Analizar datos en tiempo real para detectar patrones o anomalías, proporcionando alertas o informes detallados.
- Control Remoto: Permite controlar dispositivos y cambiar la configuración desde cualquier lugar.
- Integración: Ofrece APIs para integrar los datos con aplicaciones externas y otros servicios en la nube.

4. RED DE COMUNICACIÓN:

La red de comunicación es el sistema que conecta los dispositivos IoT a la pasarela y la pasarela a la nube.

- Redes Locales (LAN): Se encargan de conectar los dispositivos dentro de un espacio cerrado, como un edificio o fábrica, utilizando WiFi, Bluetooth, Zigbee, o tecnologías similares.
- Redes de Área Amplia (WAN): Cubren distancias mayores, como campos agrícolas, minas o ciudades enteras, utilizando LoRaWAN, Sigfox, NB-IoT, o LTE.

Estos componentes, trabajando juntos, forman una red IoT completa que puede recopilar datos de manera continua, gestionarlos de forma eficiente y proporcionar información valiosa para el control, la automatización y el mantenimiento de procesos.

Las redes IoT y la comunicación remota están transformando la forma en que gestionamos datos y automatizamos sistemas. Al diseñar redes IoT eficientes y seguras, las empresas y desarrolladores pueden maximizar la eficiencia, reducir costos, y mejorar la experiencia del usuario en una variedad de entornos y aplicaciones.

Protocolos de Comunicación:

Los protocolos de comunicación en las redes IoT son esenciales para que los dispositivos y sistemas puedan intercambiar datos de manera efectiva. La elección del protocolo depende del alcance, el consumo de energía, y los requerimientos de la aplicación. Aquí se detallan algunos de los protocolos más importantes:

1. PROTOCOLOS DE REDES LOCALES:

Estos protocolos se utilizan para conectar dispositivos dentro de un entorno cerrado, como un hogar, una fábrica o un edificio.

- WiFi: Ofrece una alta velocidad de transmisión y se utiliza principalmente para conectar dispositivos en el hogar o la oficina a redes locales y a la nube. Es adecuado para transmitir datos en tiempo real, como imágenes, audio y video.
- Bluetooth: Con bajo consumo de energía, Bluetooth se utiliza para transmitir datos a dispositivos cercanos, como teléfonos móviles o computadoras.
- BLE (Bluetooth Low Energy): es una versión optimizada para dispositivos IoT, permitiendo la comunicación con un mínimo consumo energético.
- Zigbee: Protocolo diseñado para redes en malla, permitiendo conectar múltiples dispositivos de manera confiable y con baja latencia. Es utilizado principalmente en sistemas de automatización del hogar y monitoreo ambiental.

2. PROTOCOLOS DE REDES DE ÁREA AMPLIA (WAN):

Estos protocolos están diseñados para cubrir grandes áreas geográficas, permitiendo conectar dispositivos en ciudades, campos agrícolas, o lugares remotos.

LoRaWAN: Utiliza la tecnología LoRa para la comunicación de largo alcance con un consumo energético muy bajo. Es ideal para entornos rurales o áreas urbanas donde los dispositivos están dispersos y no tienen acceso a redes de energía. Los datos se envían a una pasarela central que los transmite a la nube.

NB-IoT (Narrowband IoT): Un protocolo celular que utiliza frecuencias estrechas, optimizando el consumo energético y la transmisión de datos. Permite la comunicación en tiempo real y la cobertura en áreas urbanas con muchas interferencias.

Sigfox: Otra tecnología de baja potencia que utiliza una red global para transmitir datos en tiempo real. Los dispositivos Sigfox pueden transmitir datos a grandes distancias, siendo una opción atractiva para áreas remotas o difíciles de alcanzar.

3. PROTOCOLOS DE COMUNICACIÓN EN LA NUBE:

Los protocolos en la nube permiten conectar los dispositivos IoT con plataformas de procesamiento de datos y control.

- MQTT (Message Queuing Telemetry Transport): Un protocolo ligero basado en el modelo publicación-suscripción, donde los dispositivos pueden enviar datos a un servidor (broker) que los distribuye a las aplicaciones interesadas. Ideal para redes IoT con dispositivos con capacidad de procesamiento limitada.

- CoAP (Constrained Application Protocol): Protocolo similar a HTTP, pero diseñado específicamente para dispositivos IoT. Proporciona un método de comunicación seguro y eficiente para dispositivos con recursos limitados, como sensores.

Estos protocolos de comunicación son los cimientos de una red IoT funcional, permitiendo el flujo continuo de datos entre los dispositivos, la pasarela, y la nube.

La comunicación remota en las redes IoT permite una gestión inteligente de dispositivos y sistemas, ofreciendo ventajas significativas en eficiencia y control a través de diferentes industrias y aplicaciones.

Aplicaciones Prácticas:

Las redes IoT y la comunicación remota han permitido la creación de soluciones innovadoras en una variedad de sectores. Algunas aplicaciones prácticas clave incluyen:

1. GESTIÓN DE EDIFICIOS INTELIGENTES:

Los edificios inteligentes están equipados con sensores y dispositivos conectados que permiten el monitoreo y control centralizado de sistemas como la iluminación, calefacción, aire acondicionado y seguridad. Estos sistemas mejoran la eficiencia energética, ajustando automáticamente el consumo según las condiciones del entorno y el número de personas presentes. Ejemplos de estos sistemas pueden ser:

- Iluminación Inteligente: Los sensores de movimiento y luz ajustan la iluminación en función de la ocupación de las habitaciones y la luz natural disponible.
- Control Climático: Los termostatos inteligentes mantienen una temperatura adecuada según los patrones de uso y las condiciones exteriores.

2. MONITORIZACIÓN AGRÍCOLA:

La agricultura moderna está adoptando redes IoT para monitorear las condiciones del suelo y el clima, permitiendo la gestión precisa de cultivos y ganado.

- Sensores de Humedad del Suelo: Detectan el nivel de humedad en el suelo, activando los sistemas de riego

solo cuando es necesario, reduciendo el desperdicio de agua.
- Estaciones Meteorológicas: Miden la temperatura, humedad, y velocidad del viento para determinar el momento óptimo para sembrar, fertilizar o cosechar.

3. LOGÍSTICA Y SEGUIMIENTO:

La logística y el seguimiento se benefician de las redes IoT para monitorear inventarios, controlar la cadena de suministro y rastrear activos.

- Inventario Automatizado: Los sensores en almacenes rastrean el nivel de existencias, enviando alertas automáticas cuando los productos se agotan o hay un exceso.
- Seguimiento de Activos: Los dispositivos GPS y sensores de temperatura monitorean el estado de los productos en tránsito para asegurar la entrega en condiciones óptimas.

4. MANTENIMIENTO PREDICTIVO:

Los sistemas industriales y de maquinaria pesada utilizan sensores conectados para monitorear el desgaste y prevenir fallas.

- Análisis de Vibraciones: Los sensores de vibración identifican patrones que indican el desgaste de componentes en motores o maquinaria rotativa, permitiendo reemplazar piezas antes de que fallen.

- Monitoreo de Temperatura: Los sensores de temperatura detectan sobrecalentamientos anómalos en sistemas eléctricos o mecánicos, evitando daños mayores.

5. CIUDADES INTELIGENTES:

Las ciudades inteligentes combinan múltiples sistemas conectados para mejorar la calidad de vida de los residentes.

- Gestión de Residuos: Los sensores en contenedores detectan el nivel de llenado y optimizan las rutas de recolección.
- Transporte Público: Los sistemas de monitoreo de vehículos coordinan los horarios para reducir tiempos de espera y congestionamiento.

Estas aplicaciones prácticas muestran cómo las redes IoT y la comunicación remota están revolucionando diferentes sectores, permitiendo una gestión más eficiente y un mejor uso de los recursos.

Como Diseñar Redes Eficientes para Redes IoT:

El diseño eficiente de una red IoT implica asegurar la conectividad de los dispositivos de manera fiable y rentable. Aquí hay algunas pautas clave:

1. **COMPRENDER LAS NECESIDADES DEL PROYECTO:**

    - Determina cuántos dispositivos IoT estarán conectados a la red y cómo serán distribuidos geográficamente.
    - Considera la cantidad de datos que cada dispositivo generará, la frecuencia de transmisión y las latencias aceptables.
    - Evalúa el acceso a la energía y el uso de baterías en función del consumo energético de los dispositivos.

2. **TOPOLOGÍA DE LA RED:**

    - Estrella: Todos los dispositivos están conectados a una pasarela central. Es simple, pero puede presentar un único punto de fallo.
    - Malla: Los dispositivos pueden reenviar datos a otros nodos, mejorando la resiliencia y cobertura.
    - Punto a Punto: Dos dispositivos se comunican directamente sin un nodo central.

3. PROTOCOLOS DE COMUNICACIÓN:

- Bajo Alcance: Bluetooth, WiFi o Zigbee.
- Medio y Alto Alcance: LoRaWAN, NB-IoT, Sigfox o LTE.

4. GESTIÓN DE SEGURIDAD:

- Implementar autenticación de dispositivos para prevenir accesos no autorizados.
- Asegura que los datos estén encriptados tanto en tránsito como en almacenamiento.
- Divide la red en subredes para limitar el acceso.

5. PASARELAS IOT:

Las pasarelas conectan dispositivos de la red local con servicios en la nube. Es importante asegurarse de que sean:

- Interoperables: Deben admitir múltiples protocolos de comunicación.
- Seguras: Proteger las conexiones entre la red local y la nube.
- Escalables: Adaptarse al crecimiento del número de dispositivos.

6. PLATAFORMAS EN LA NUBE:

Elige una plataforma en la nube adecuada para gestionar los datos:

- Capacidad de almacenamiento para los datos generados.
- Herramientas para analizar y visualizar datos en tiempo real.
- Posibilidad de integrar con otras aplicaciones y servicios (APIs).

Aplicando estos principios, se puede diseñar una red IoT que sea eficiente, segura, y adaptada a las necesidades de los dispositivos conectados, maximizando el valor de la información generada.

Usando LoRa-WAN

LoRaWAN (Long Range Wide Area Network) es un protocolo diseñado para permitir la comunicación inalámbrica entre dispositivos a gran distancia y con bajo consumo de energía. Esto lo convierte en una opción ideal para aplicaciones de IoT que requieren una cobertura amplia, como el monitoreo agrícola, la gestión de recursos naturales o la automatización de infraestructuras críticas.

CARACTERÍSTICAS CLAVE:

- Alcance: LoRaWAN puede alcanzar hasta 15 km en áreas rurales y 2-5 km en áreas urbanas. Su largo alcance permite que las pasarelas cubran un área amplia con menos infraestructura.
- Consumo de Energía: Los nodos pueden operar con baterías durante años, ya que solo transmiten datos cuando es necesario. Esto es especialmente útil para dispositivos que deben ubicarse en áreas remotas.
- Redes Privadas y Públicas: Se pueden establecer redes LoRaWAN privadas o utilizar infraestructuras públicas ya existentes para conectar dispositivos.
- Seguridad: LoRaWAN incorpora cifrado AES-128 para autenticar y proteger los datos en tránsito.

COMPONENTES DE LA RED:

- Dispositivos/Nodos: Sensores, actuadores u otros dispositivos IoT que envían datos a través del protocolo LoRa.

- **Pasarelas:** Actúan como puntos de acceso que reciben los datos de los nodos y los envían a un servidor central.
- **Servidor de Red:** Gestiona el enrutamiento de datos entre las pasarelas y los servidores de aplicaciones.
- **Servidor de Aplicación:** Proporciona interfaces para monitorear y analizar los datos.

EJEMPLO DE IMPLEMENTACIÓN: MONITOREO AGRÍCOLA

- **Nodos:** Sensores de humedad del suelo, temperatura y calidad del aire se colocan en campos agrícolas para recopilar datos.
- **Pasarela:** Ubicada en un punto central del área, la pasarela recopila datos de todos los sensores en su alcance.
- **Servidor de Red:** Dirige la información a un servidor de aplicación en la nube.
- **Servidor de Aplicación:** Los agricultores pueden monitorear y controlar los sensores desde cualquier lugar, optimizando el riego y las condiciones de cultivo.

VENTAJAS DE LORAWAN:

- **Escalabilidad:** Puede conectar cientos de dispositivos dentro de una misma red.

- Flexibilidad: Se adapta a diferentes aplicaciones, como ciudades inteligentes, logística y monitoreo de infraestructuras críticas.
- Bajo Coste: Los dispositivos LoRaWAN y las pasarelas son relativamente económicos de implementar y mantener.

En resumen, LoRaWAN es una tecnología que combina eficiencia energética, seguridad y un amplio alcance, lo que la hace ideal para una variedad de aplicaciones IoT en las que es necesario gestionar dispositivos dispersos en áreas extensas.

Plataformas de Almacenamiento en la Nube

Las plataformas de almacenamiento en la nube permiten a los usuarios centralizar y analizar los datos recopilados de dispositivos IoT en tiempo real, facilitando la gestión remota de sistemas y la creación de informes detallados. Algunas de las características y beneficios clave incluyen:

- Almacenamiento Escalable: Estas plataformas ofrecen almacenamiento escalable para que los datos de múltiples dispositivos puedan ser almacenados y accedidos sin problemas. Pueden ajustarse automáticamente a medida que se conectan más dispositivos o se generan más datos.
- Análisis en Tiempo Real: La capacidad de procesar datos en tiempo real permite generar alertas inmediatas cuando se detectan anomalías, lo que facilita el monitoreo y la respuesta rápida. Los datos históricos también se pueden analizar para detectar tendencias o identificar patrones.
- Integración con Herramientas Externas: Las plataformas en la nube pueden integrarse con otras aplicaciones y servicios, lo que facilita la transferencia de datos entre diferentes sistemas.
- Seguridad: Proporcionan cifrado de datos y autenticación de acceso para asegurar que solo los usuarios autorizados puedan acceder a la información.

Algunos ejemplos de las plataformas de almacenamiento en la nube más comunes son los siguientes:

- <u>AWS IoT</u>: Amazon Web Services proporciona una suite de herramientas para conectar, analizar, y gestionar dispositivos IoT.
- <u>Microsoft Azure IoT</u>: Azure ofrece soluciones de análisis de datos en tiempo real y la creación de reglas automatizadas.
- <u>Thinkspeak</u>: Una opción accesible para proyectos de menor escala que permite monitorear datos en tiempo real y visualizar tendencias.

Estas plataformas simplifican el acceso a datos remotos, permitiendo a las empresas y desarrolladores mantener un control centralizado de sus dispositivos IoT, optimizar procesos, y aprovechar el valor de la información recopilada.

IV. VISUALIZACIÓN Y ANÁLISIS DE DATOS

La visualización y el análisis de datos se han convertido en pilares fundamentales de la automatización, permitiendo que los datos complejos obtenidos de sistemas IoT se conviertan en información comprensible y procesable. En la actualidad, con el aumento exponencial de datos generados por dispositivos conectados, la habilidad para visualizar, analizar y sacar conclusiones se ha vuelto indispensable para una toma de decisiones efectiva en tiempo real. El proceso de transformar datos crudos en gráficos, diagramas y paneles claros proporciona una perspectiva invaluable, ya que permite identificar patrones, detectar anomalías y prever tendencias.

Al centrarse en la visualización de datos, es posible resaltar de forma gráfica la relación entre diferentes variables, facilitando la identificación de correlaciones y ayudando a enfocar la atención en áreas críticas. Por ejemplo, las gráficas temporales permiten observar cómo varía una variable con el tiempo, mientras que los gráficos de barras comparan categorías de datos. De esta forma, incluso el observador menos técnico puede entender el significado de los datos presentados. Las visualizaciones claras y efectivas no solo optimizan la toma de decisiones, sino que también facilitan la comunicación entre equipos multidisciplinarios.

El análisis de datos complementa la visualización al profundizar en la extracción de información valiosa. A través de modelos predictivos, algoritmos de machine learning y estadísticas avanzadas, es posible prever comportamientos futuros y tomar medidas proactivas que reduzcan costos o eviten problemas. Por ejemplo, el análisis predictivo puede predecir cuándo una máquina necesita mantenimiento antes de que falle, o identificar patrones de consumo que ayuden a optimizar la producción. Esto permite no solo corregir problemas rápidamente, sino también adelantarse a ellos.

Sin embargo, la visualización y el análisis de datos enfrentan varios desafíos. El volumen creciente de información generada por las redes IoT puede ser abrumador, requiriendo técnicas como el filtrado previo y la agregación para mantener solo los datos relevantes. Además, es crucial asegurar la privacidad y seguridad de la información, implementando encriptación y políticas de acceso estrictas. Otro reto es la interoperabilidad entre plataformas, ya que los datos pueden provenir de múltiples fuentes con diferentes formatos y protocolos.

A pesar de estos desafíos, las herramientas de visualización y análisis han avanzado significativamente. Plataformas como Thinkspeak, Grafana y Power BI permiten conectar dispositivos, monitorear datos en tiempo real y crear paneles personalizados que se adapten a las necesidades específicas de cada proyecto. Los paneles claros y organizados ayudan a revelar patrones ocultos, detectar tendencias y entender el estado general de los sistemas conectados.

En resumen, la visualización y el análisis de datos son fundamentales para extraer información valiosa de las redes IoT. Ya sea para monitorear sistemas industriales, optimizar procesos agrícolas o mejorar la seguridad en ciudades inteligentes, la capacidad de interpretar y actuar sobre datos precisos y en tiempo real se ha vuelto esencial. Los avances en tecnología y herramientas proporcionan los medios para que las empresas y desarrolladores aprovechen al máximo esta información, guiando la automatización hacia una toma de decisiones cada vez más eficiente y proactiva.

Herramientas para Monitorear Datos en Tiempo Real

Monitorear datos en tiempo real es esencial para mantener un control adecuado sobre los sistemas IoT y automatizar respuestas a eventos críticos. Varias herramientas especializadas han sido desarrolladas para facilitar esta tarea, ofreciendo paneles personalizables que convierten datos complejos en información fácil de entender.

THINKSPEAK: es una plataforma en la nube diseñada para recibir y analizar datos de sensores y otros dispositivos IoT. La idea es que cada dispositivo envíe datos a un canal con múltiples campos, permitiendo organizar la información según el tipo de datos. La herramienta entonces ofrece gráficos en tiempo real que pueden personalizarse para diferentes aplicaciones. También proporciona funciones para analizar y procesar datos utilizando MATLAB, facilitando el desarrollo de algoritmos personalizados.

GRAFANA: es una herramienta de código abierto que se puede conectar a múltiples bases de datos y fuentes de datos para crear paneles visuales altamente configurables. Posee paneles personalizados que pueden diseñarse con widgets, gráficos y tablas que se adapten a las necesidades del usuario. También permite configurar alertas para notificar sobre eventos críticos o valores fuera de rango. Se puede integrar con otras herramientas, como Prometheus, InfluxDB, y bases de datos SQL o NoSQL.

POWER BI: es una solución de Microsoft que permite la integración de datos desde diferentes fuentes para crear paneles y gráficos interactivos. Se integra con servicios en la nube, bases de datos, archivos locales y otras aplicaciones de Microsoft. Ofrece gráficos personalizados, como gráficos de líneas, barras, mapas y diagramas de flujo, también proporciona modelos predictivos básicos basados en tendencias históricas.

Estas herramientas facilitan la administración y el monitoreo continuo de datos, permitiendo a los usuarios mantener un control proactivo sobre sus sistemas IoT, optimizar procesos y minimizar riesgos.

Diseño de Dashboards Personalizados

El diseño de dashboards personalizados es clave para visualizar datos de forma comprensible y efectiva, ayudando a los usuarios a identificar patrones, tendencias y posibles problemas en los sistemas automatizados. Al seguir algunos principios de diseño, los paneles se pueden adaptar para cubrir las necesidades específicas de cada proyecto.

A continuación detallamos los factores claves de éxito para conseguir un Dashboard ideal para tu proyecto:

1. **Definir Objetivos Claros**: Identifica las métricas clave que necesitan ser monitoreadas y el propósito del dashboard. Por ejemplo, si el objetivo es monitorear la producción, incluir métricas como tasas de error, eficiencia y producción por hora.
2. **Seleccionar Widgets Apropiados**: Los gráficos deben elegirse en función de los datos. Los gráficos de líneas son ideales para mostrar tendencias en el tiempo, mientras que las tablas y gráficos de barras comparan categorías o segmentos.
3. **Organización y Estructura**: Coloca los gráficos más importantes en posiciones destacadas, como la parte superior del panel, para que los datos críticos sean fáciles de identificar. Agrupa métricas similares para ofrecer una visión clara y organizada.
4. **Simplicidad en el Diseño**: Evita sobrecargar el dashboard con demasiada información. Los datos deben presentarse de manera simple, utilizando colores que contrasten bien para facilitar su lectura. Usa etiquetas claras y concisas para describir las métricas.

5. **Interactividad:** Incluye funciones interactivas para que el usuario pueda filtrar y ajustar los datos según lo necesite. Los gráficos interactivos permiten profundizar en información específica haciendo clic en ciertos puntos o segmentos.
6. **Alertas y Notificaciones:** Configura alertas para notificar al usuario cuando ciertos valores alcancen umbrales críticos. Los paneles deben incluir indicadores visuales como íconos o gráficos que indiquen rápidamente si un valor está fuera del rango aceptable.
7. **Pruebas y Revisión:** Prueba el dashboard con usuarios para asegurarte de que sea fácil de entender y utilizar. Realiza ajustes según el feedback recibido para mejorar su eficacia.

Al seguir estos pasos, los dashboards personalizados se convierten en herramientas poderosas para monitorear, analizar y tomar decisiones informadas.

Un dashboard personalizado proporciona una visión unificada de múltiples fuentes de datos, adaptada a las necesidades del usuario.

En resumen, la visualización y el análisis de datos son esenciales para obtener el máximo valor de los datos IoT, permitiendo a los usuarios interpretar tendencias y mejorar el rendimiento de sus sistemas.

Análisis de Modelos Predictivos

El análisis de modelos predictivos en el contexto de IoT y automatización industrial es una técnica avanzada que utiliza algoritmos estadísticos y de aprendizaje automático para anticipar eventos futuros basados en datos históricos. Estos modelos son fundamentales para mejorar la eficiencia operativa, reducir costos y optimizar la toma de decisiones en tiempo real.

Antes de construir un modelo predictivo, es esencial recopilar y preparar datos de alta calidad que reflejen de manera precisa el fenómeno a modelar. Esto incluye la recolección de grandes volúmenes de datos operativos de sensores, registros de máquinas, y sistemas de control.

Los datos deben ser limpiados y preprocesados para eliminar inconsistencias, llenar datos faltantes y convertir formatos que no sean numéricos a representaciones numéricas. Este paso es crucial para asegurar la precisión del modelo.

Identificar cuáles variables o características tienen la mayor influencia en la variable objetivo. Esto puede incluir análisis estadísticos para determinar la correlación y la importancia de cada característica.

Utilizar técnicas estadísticas o de machine learning para desarrollar el modelo. Algunos de los algoritmos más comunes incluyen regresión lineal, árboles de decisión, bosques aleatorios y redes neuronales.

El modelo debe ser validado y probado con un conjunto de datos separado para evaluar su precisión y generalización. Se utilizan métricas como el error cuadrático medio (MSE), la precisión, y el área bajo la curva ROC, dependiendo del tipo de modelo.

Una vez validado, el modelo se implementa en el entorno operativo donde puede empezar a hacer predicciones en tiempo real. Es esencial monitorear continuamente el rendimiento del modelo y actualizarlo según sea necesario para adaptarse a nuevas condiciones o datos.

APLICACIONES EN AUTOMATIZACIÓN E IOT:

Mantenimiento Predictivo: Predecir fallos en equipos y maquinaria antes de que ocurran, permitiendo intervenciones proactivas que minimizan el tiempo de inactividad y los costos de reparación.

Optimización de la Cadena de Suministro: Prever la demanda de productos para ajustar la producción y el inventario, reduciendo el exceso de stock y mejorando la satisfacción del cliente.

Calidad del Producto: Predecir defectos de calidad en el proceso de fabricación, permitiendo ajustes en tiempo real para garantizar la calidad del producto final.

VENTAJAS DE LOS MODELOS PREDICTIVOS:

Reducción de Costos: Optimizan los recursos y reducen la necesidad de mantenimientos costosos y no planificados.

Mejora en la Eficiencia: Permiten una operación más suave y continua al anticipar problemas y gestionar recursos de manera más eficaz.

Toma de Decisiones Basada en Datos: Proporcionan una base sólida para decisiones operativas y estratégicas, mejorando la competitividad de la empresa.

En resumen, los modelos predictivos ofrecen una herramienta poderosa para anticipar eventos futuros y adaptar operaciones en consecuencia, lo que resulta esencial para empresas que buscan mantenerse a la vanguardia en la era de la automatización y el IoT.

Alertas Automatizadas

Las alertas automatizadas son un componente esencial para mantener el control y la seguridad en sistemas automatizados y redes IoT. Proporcionan notificaciones inmediatas cuando los datos superan ciertos umbrales, permitiendo la intervención humana o la respuesta automática para prevenir problemas y garantizar el funcionamiento correcto de los sistemas.

CÓMO FUNCIONAN LAS ALERTAS AUTOMATIZADAS:

Lo primero es establecer los valores límites de los datos que activarán las alertas. Estos umbrales pueden ser valores máximos, mínimos, o condiciones combinadas que reflejen situaciones críticas.

Ejemplos incluyen límites de temperatura, presión, humedad, vibración o cualquier variable relevante.

Las herramientas de monitoreo en tiempo real supervisan constantemente los datos generados por los dispositivos IoT o sistemas de automatización.

Los datos se comparan contra los umbrales definidos para detectar condiciones fuera de lo normal.

Cuando se detecta una condición crítica, la herramienta genera una alerta.

Las alertas pueden presentarse en forma de notificaciones en un dashboard, correos electrónicos, mensajes de texto, o a través de aplicaciones móviles.

Las alertas pueden integrarse con sistemas automatizados para iniciar acciones inmediatas. Por ejemplo, un valor de temperatura superior al límite puede activar el cierre de una válvula o el apagado de un sistema.

TIPOS COMUNES DE ALERTAS:

- Alertas Simples: Se activan cuando un solo parámetro excede un valor específico.
- Alertas Complejas: Consideran múltiples variables para generar una alerta. Por ejemplo, la combinación de baja presión y alta temperatura podría señalar un problema en un motor.
- Alertas Predictivas: Se basan en modelos predictivos para anticipar problemas y generar alertas antes de que ocurra un fallo.

BENEFICIOS DE LAS ALERTAS AUTOMATIZADAS:

- Permiten actuar de inmediato ante problemas, minimizando el tiempo de inactividad y el riesgo de daños.
- Al abordar problemas en sus primeras etapas, se evita el gasto en reparaciones mayores.

- Garantizan que los sistemas funcionen dentro de sus parámetros óptimos, maximizando la eficiencia.

MEJORES PRÁCTICAS PARA CONFIGURAR ALERTAS:

- <u>Evitar Falsos Positivos</u>: Los umbrales deben estar lo suficientemente ajustados para evitar la generación excesiva de alertas innecesarias.
- <u>Priorizar Alertas</u>: Asignar diferentes niveles de prioridad según la gravedad de la condición detectada.
- <u>Evaluación Continua</u>: Revisar y ajustar los umbrales y criterios de las alertas con regularidad para adaptarlos a los cambios en las condiciones del sistema.

Las alertas automatizadas son una herramienta poderosa que ayuda a mantener el control sobre los sistemas, anticipar problemas y actuar de forma proactiva para mantener la continuidad y eficiencia de las operaciones.

Evaluación de la Calidad de los Datos

En proyectos de automatización y redes IoT, la calidad de los datos es crucial para asegurar el correcto funcionamiento de los modelos predictivos, las alertas automatizadas y el análisis en tiempo real. Sin una evaluación y un mantenimiento adecuado de los datos, el valor de la información se degrada y las decisiones pueden basarse en conclusiones incorrectas. La evaluación de la calidad de los datos implica una serie de procesos para identificar, corregir y mantener datos fiables.

COMPONENTES CLAVE:

A continuación se describen los componentes clave de la evaluación de la calidad de los datos:

Integridad: Asegurarse de que todos los datos esperados están presentes y en la forma correcta. La integridad implica que no falten registros y que las relaciones entre diferentes conjuntos de datos estén intactas.

Precisión: Los datos deben reflejar la realidad de forma precisa. Esto implica que los valores deben coincidir con las mediciones reales de sensores u otras fuentes.

Consistencia: Los datos deben ser consistentes entre diferentes sistemas o bases de datos. Por ejemplo, si un sensor mide temperatura en grados Celsius, este formato debe mantenerse a lo largo de toda la cadena de datos.

Actualización: Los datos deben ser actualizados de manera constante para reflejar el estado actual del sistema. Datos obsoletos pueden llevar a decisiones incorrectas.

Validez: Los datos deben estar dentro de los rangos aceptables y tener el formato adecuado según los requisitos establecidos.

MEJORES PRÁCTICAS:

Para evaluar la calidad de los datos se necesita cumplir una serie de prácticas que permitan identificar, mantener y mejorar la fiabilidad de la información:

Definir Reglas de Calidad: Establecer reglas claras que definan cuándo los datos son considerados de alta calidad. Ejemplos de reglas incluyen rangos válidos para los valores, formatos correctos y relaciones esperadas entre diferentes conjuntos de datos.

Monitoreo Regular: Implementar un sistema de monitoreo para evaluar constantemente la calidad de los datos que ingresan al sistema.

Normalización: Unificar los formatos, unidades y estructuras de los datos para asegurar que sean consistentes a lo largo de toda la cadena.

Limpieza de Datos: Eliminar registros duplicados, corregir valores fuera de rango y rellenar datos faltantes con técnicas de interpolación.

Documentación y Auditoría: Mantener una documentación clara de cómo se deben recoger, procesar y almacenar los datos, para que sean fácilmente auditables y mantenibles.

Capacitación: Asegurarse de que el personal involucrado en la recopilación y procesamiento de datos esté capacitado para seguir las mejores prácticas de calidad.

La evaluación constante de la calidad de los datos asegura que los análisis y decisiones se basen en información fiable, lo que se traduce en un mejor control y eficiencia de los sistemas automatizados.

V. INTEGRACIÓN CON RASPBERRY PI

La Raspberry Pi, una microcomputadora potente y económica, ha abierto un mundo de posibilidades en la automatización y los sistemas IoT. Su tamaño compacto y su versatilidad le permiten integrarse fácilmente en diferentes tipos de redes y sistemas, funcionando como un servidor IoT, un controlador para la automatización doméstica o un dispositivo de procesamiento avanzado.

Como servidor IoT, la Raspberry Pi puede recopilar, procesar y analizar datos de múltiples dispositivos conectados, y con la ayuda de herramientas como Node-RED o MQTT, permite automatizar la toma de decisiones y la gestión de datos. Además, puede configurarse para controlar sistemas de iluminación, cerraduras electrónicas, sensores de movimiento, y otros dispositivos inteligentes del hogar, lo que la convierte en un controlador central de automatización doméstica.

En proyectos prácticos, la Raspberry Pi se ha utilizado para construir robots autónomos que navegan de forma independiente y evitan obstáculos, estaciones meteorológicas que monitorean las condiciones ambientales en tiempo real, y sistemas de cámaras de seguridad que transmiten video en directo mientras envían alertas al detectar movimiento.

Para asegurar una integración fluida en cualquier proyecto IoT, es fundamental configurar correctamente el sistema operativo de la Raspberry Pi, conectar los periféricos apropiados, e instalar las herramientas de software necesarias. Además, al conectarla con plataformas en la nube, es posible mejorar la gestión y visualización de datos, proporcionando un análisis más profundo que pueda usarse para tomar mejores decisiones.

Instalación y Configuración Inicial

Para comenzar a utilizar la Raspberry Pi en proyectos IoT y de automatización, es esencial configurarla correctamente desde el principio. Esto implica instalar el sistema operativo, conectar periféricos clave, y configurar el software para que la microcomputadora esté lista para su integración en sistemas avanzados.

1. INSTALACIÓN DEL SISTEMA OPERATIVO:

- Descargar el Sistema Operativo: El sistema operativo oficial, Raspberry Pi OS (anteriormente llamado Raspbian), es el más recomendado. Descárgalo desde la página oficial de Raspberry Pi.
- Cargar el Sistema Operativo: Usa un programa como Raspberry Pi Imager o balenaEtcher para grabar el sistema operativo en una tarjeta microSD.
- Primera Configuración: Inserta la tarjeta microSD en la Raspberry Pi, conéctala a un monitor, teclado y ratón. Sigue las instrucciones en pantalla para configurar el idioma, zona horaria y red WiFi.

2. CONEXIÓN DE PERIFÉRICOS:

- Cámara: Conecta una cámara compatible a través de la interfaz CSI de la Raspberry Pi. Activa la cámara desde la configuración de Raspberry Pi (Raspi-config) para habilitar su uso en proyectos de seguridad, visión artificial o monitoreo.

- Sensores: Los pines GPIO (General Purpose Input/Output) permiten conectar una amplia variedad de sensores, como los de temperatura, movimiento o humedad.
- Relés y Actuadores: Usa un módulo de relés para controlar dispositivos de mayor potencia como lámparas, cerraduras electrónicas o motores.

3. INSTALACIÓN DE HERRAMIENTAS DE SOFTWARE:

- Node-RED: Instala Node-RED con un solo comando para crear flujos de trabajo de automatización. Útil para gestionar múltiples dispositivos conectados.
- MQTT: Instala Mosquitto, un broker MQTT, para organizar la comunicación entre múltiples dispositivos IoT.
- Python y Bibliotecas Adicionales: Python es ideal para programar aplicaciones en la Raspberry Pi. Instala bibliotecas como RPi.GPIO para controlar los pines GPIO, o Paho-MQTT para manejar comunicaciones MQTT.

4. SEGURIDAD Y ACTUALIZACIONES:

- Actualizar el Sistema: Ejecuta el comando sudo apt update && sudo apt upgrade para mantener el sistema operativo y las aplicaciones al día.
- Asegurar la Raspberry Pi: Cambia la contraseña predeterminada del usuario pi. Configura un cortafuegos básico y desactiva servicios innecesarios.

Al completar estos pasos, tu Raspberry Pi estará lista para integrarse en proyectos IoT, de automatización o robótica, permitiéndote recopilar datos, gestionar dispositivos, y desarrollar soluciones innovadoras.

Uso de Raspberry Pi como Servidor IoT

La Raspberry Pi puede desempeñar el papel de un servidor IoT al recopilar, procesar y organizar datos de múltiples dispositivos conectados. Con herramientas como Node-RED, MQTT, y otros servicios de procesamiento, la Raspberry Pi se convierte en un centro de control versátil que puede manejar una variedad de flujos de datos y tomar decisiones de forma autónoma.

1. NODE-RED:

- Instala Node-RED utilizando el siguiente comando:

```
sudo apt install -y nodejs npm
sudo npm install -g --unsafe-perm node-red
```

- Inicia Node-RED con el comando `node-red-start`
- Accede a la interfaz de Node-RED desde un navegador web, ingresando `http://localhost:1880`
- Arrastra y suelta nodos de entrada (sensores), procesamiento (funciones) y salida (controladores, notificaciones) para crear flujos de trabajo de automatización.
- Configura nodos para gestionar datos de sensores conectados a la Raspberry Pi.

2, MQTT:

- Instala el broker MQTT Mosquitto con el siguiente comando:

```
sudo apt install mosquitto mosquitto-clients
```

- Verifica que el servicio Mosquitto esté ejecutándose correctamente:

```
sudo systemctl status mosquitto
```

- Suscríbete a un tópico con el cliente `mosquitto_sub`:

```
mosquitto_sub -t "sensor/temperature"
```

- Publica mensajes en un tópico con `mosquitto_pub`:

```
mosquitto_pub -t "sensor/temperature" -m "24.3"
```

3. PROCESAMIENTO AVANZADO:

- Usa Python para realizar análisis y procesamiento avanzado de los datos recibidos. Bibliotecas como Pandas pueden ser útiles para manipular conjuntos de datos complejos.
- Integra una base de datos, como SQLite o MySQL, para almacenar y analizar los datos recopilados a largo plazo.
- Configura servicios de correo electrónico o mensajería para enviar alertas o informes periódicos a

los usuarios cuando se detecten condiciones específicas.

4. AUTOMATIZACIÓN Y CONTROL:

- Usa los pines GPIO de la Raspberry Pi para controlar actuadores directamente desde Node-RED o un script Python.
- Configura una interfaz web para que los usuarios puedan monitorear el estado de los dispositivos y ajustar la configuración desde un navegador.

Al actuar como un servidor IoT, la Raspberry Pi permite centralizar la recopilación de datos y el control de dispositivos, proporcionando una plataforma flexible para la toma de decisiones y la gestión de dispositivos conectados.

Proyectos Prácticos con Raspberry Pi

La Raspberry Pi es una herramienta versátil para llevar a cabo proyectos prácticos que abarcan desde robótica hasta automatización doméstica. Los siguientes ejemplos describen cómo esta microcomputadora puede utilizarse para construir soluciones creativas.

1. ROBOTS AUTÓNOMOS:

- Objetivo: Desarrollar robots que puedan navegar evitando obstáculos y siguiendo trayectorias definidas.
- Componentes Clave:
    o Chasis del robot con motores y ruedas.
    o Módulo de cámara para visión.
    o Sensores de distancia para evitar obstáculos.
- Pasos:
    o Instalar el sistema operativo en la Raspberry Pi.
    o Conectar la cámara y los sensores al controlador.
    o Programar la lógica de navegación y el reconocimiento de trayectorias.

2. ESTACIONES METEOROLÓGICAS:

- Objetivo: Crear estaciones que monitoreen las condiciones ambientales en tiempo real y envíen datos a la nube.
- Componentes Clave:

- - Sensores de temperatura, humedad, y presión.
  - Tarjeta SD para almacenamiento.
- Pasos:
  - Configurar la Raspberry Pi con Node-RED o Python.
  - Conectar los sensores a la placa de control.
  - Implementar un programa que registre los datos y los envíe a un servicio en la nube para su visualización.

3. CÁMARAS DE SEGURIDAD:

- Objetivo: Desarrollar sistemas de cámaras que detecten movimiento y envíen alertas en tiempo real.
- Componentes Clave:
  - Módulo de cámara o cámara USB.
  - Sensores de movimiento.
- Pasos:
  - Instalar el módulo de cámara y conectarlo a la Raspberry Pi.
  - Configurar el software MotionEye para capturar y almacenar imágenes.
  - Implementar un sistema de notificaciones para alertar sobre movimientos no autorizados.

Todos estos proyectos prácticos ofrecen un punto de partida para explorar las capacidades de la Raspberry Pi en soluciones de automatización y control. Se puede personalizar cada proyecto según las necesidades, ofreciendo una amplia variedad de aplicaciones para diversos campos.

Integración con Plataformas en la Nube

La integración de la Raspberry Pi con plataformas en la nube permite aprovechar la potencia del procesamiento, almacenamiento y análisis a gran escala que estas ofrecen. Esto amplía las capacidades de la microcomputadora, proporcionando un acceso más eficiente a datos históricos, análisis en tiempo real, y una mejor gestión remota.

1. ALMACENAMIENTO EN LA NUBE:

- Objetivo: Transferir datos desde la Raspberry Pi a un servicio en la nube para almacenamiento, procesamiento y análisis.
- Plataformas Recomendadas:
    - AWS IoT: La plataforma de Amazon Web Services para dispositivos IoT, que incluye herramientas como AWS Greengrass para procesamiento local.
    - Microsoft Azure IoT Hub: Permite gestionar dispositivos conectados y ofrece almacenamiento a través de Azure Storage.
    - Google Cloud IoT: Ofrece soluciones como Pub/Sub para procesar datos en tiempo real y Cloud Storage para el almacenamiento.
- Pasos para la Integración:
    - Configurar un servicio en la nube como AWS o Google Cloud, y crear un proyecto que almacene datos.
    - Instalar bibliotecas o SDKs específicos para la integración en la Raspberry Pi.

- o Programar la transferencia de datos utilizando APIs o protocolos como MQTT para enviar la información.

2. VISUALIZACIÓN DE DATOS:

- Objetivo: Crear gráficos y tableros personalizados que ayuden a visualizar datos en tiempo real y revelar patrones.
- Herramientas Recomendadas:
    - o Grafana: Una solución de código abierto que se integra con bases de datos como InfluxDB o Prometheus.
    - o Power BI: Herramienta de Microsoft que puede importar datos desde la nube para visualizarlos en tableros interactivos.
    - o Google Data Studio: Plataforma gratuita que se integra fácilmente con otros servicios de Google.
- Pasos para la Integración:
    - o Conectar la Raspberry Pi con la base de datos que almacena los datos en la nube.
    - o Configurar la herramienta de visualización para importar los datos desde la base de datos o API.
    - o Crear gráficos, tableros o informes personalizados que muestren los datos más importantes.

3. AUTOMATIZACIÓN Y CONTROL REMOTO:

- Objetivo: Automatizar la toma de decisiones o controlar remotamente los dispositivos conectados.
- Soluciones:
    - AWS Lambda: Permite crear funciones que procesan datos automáticamente y desencadenan acciones.
    - Azure Logic Apps: Una herramienta de flujo de trabajo que automatiza procesos.
    - Google Cloud Functions: Funciones en la nube que pueden ejecutarse en respuesta a eventos.
- Pasos para la Integración:
    - Configurar una función en la nube que reciba datos desde la Raspberry Pi.
    - Programar la función para que tome decisiones basadas en los datos, como enviar alertas o activar un actuador remoto.
    - Configurar el acceso remoto para gestionar los dispositivos conectados desde cualquier ubicación.

La integración con plataformas en la nube mejora la capacidad de la Raspberry Pi para procesar, visualizar y controlar datos, permitiendo que se convierta en el corazón de una red IoT más avanzada.

Automatización del Hogar con Raspberry Pi

La Raspberry Pi puede servir como un centro de control para la automatización del hogar, gestionando todo desde la iluminación hasta la seguridad. Su versatilidad y compatibilidad con múltiples periféricos hacen que sea ideal para conectar dispositivos inteligentes y mejorar la eficiencia y la comodidad en el hogar.

1. CONTROL DE ILUMINACIÓN:

- Objetivo: Controlar automáticamente las luces del hogar utilizando sensores de luz ambiental o movimiento, comandos de voz, o aplicaciones móviles.
- Componentes Clave:
    - Relés para encender y apagar las luces.
    - Sensores de luz o movimiento para activar el control automático.
    - Asistentes virtuales como Alexa o Google Assistant.
- Implementación:
    - Configura la Raspberry Pi para controlar relés conectados al circuito eléctrico de las luces.
    - Instala sensores que envíen señales a la placa cuando detecten movimiento o cambios en la luz ambiental.
    - Usa software como Home Assistant o Node-RED para automatizar el encendido o apagado.

- Integra comandos de voz con asistentes virtuales para un control más cómodo.

2. SEGURIDAD DEL HOGAR:

- Objetivo: Monitorear el acceso al hogar utilizando cámaras, sensores de puertas/ventanas, y alertas automáticas.
- Componentes Clave:
  - Cámara de seguridad conectada a la Raspberry Pi.
  - Sensores de puertas y ventanas que detecten aperturas no autorizadas.
  - Alarma o sirena para disuadir intrusos.
- Implementación:
  - Instala una cámara de seguridad conectada a la Raspberry Pi y configúrala para capturar video en tiempo real.
  - Conecta los sensores de puertas y ventanas para detectar intrusiones.
  - Usa software como MotionEye para capturar video y activar alertas.
  - Integra un sistema de alarmas o notificaciones para recibir alertas en dispositivos móviles.

3. CONTROL DE TEMPERATURA:

- Objetivo: Gestionar el sistema de calefacción o aire acondicionado de acuerdo con las condiciones ambientales y la presencia de personas.
- Componentes Clave:

- - o Termostato inteligente controlado por la Raspberry Pi.
  - o Sensores de temperatura y movimiento para regular la calefacción o el aire acondicionado.
  - o Aplicaciones móviles para monitorear y ajustar la temperatura de forma remota.
- Implementación:
  - o Configura la Raspberry Pi para controlar un termostato conectado al sistema de calefacción o aire acondicionado.
  - o Instala sensores de temperatura en las áreas principales para monitorear las condiciones.
  - o Usa software como Home Assistant para ajustar automáticamente la temperatura según la presencia de personas o la temperatura ambiente.
  - o Integra la configuración con una aplicación móvil para el control remoto.

La automatización del hogar con Raspberry Pi ofrece una forma asequible y flexible de gestionar la seguridad, iluminación y temperatura del hogar. Esto mejora la eficiencia energética, aumenta la comodidad, y proporciona una capa adicional de seguridad para los residentes.

Optimización y Mejores Prácticas

Para aprovechar al máximo la Raspberry Pi en la automatización del hogar y en sistemas IoT avanzados, es fundamental mantener una operación eficiente y segura. La optimización y las mejores prácticas aseguran una mayor vida útil, un rendimiento continuo y una gestión proactiva para resolver problemas. Aquí hay algunas pautas clave:

1. AHORRO DE ENERGÍA:

- Desactivar Servicios Innecesarios: Identificar y desactivar servicios o aplicaciones que no se estén utilizando para reducir el consumo de CPU.
- Reducir el Brillo del Monitor: Si usas un monitor conectado a la Raspberry Pi, reducir su brillo o apagarlo cuando no esté en uso ayuda a ahorrar energía.
- Suspensión Automática: Configura la Raspberry Pi para entrar en modo de suspensión cuando no esté en uso.

2. MONITOREO Y DIAGNÓSTICO:

- Uso de Herramientas de Monitoreo: Instala herramientas como Grafana o Nagios para monitorear el uso de la CPU, la memoria y el almacenamiento, identificando problemas antes de que se conviertan en un obstáculo.

- Registros de Diagnóstico: Mantén registros detallados de las aplicaciones y sistemas para identificar la causa de los errores y las fallas.
- Pruebas de Estrés: Realiza pruebas de estrés periódicas para garantizar que la Raspberry Pi pueda manejar cargas pesadas de trabajo.

3. SEGURIDAD Y ACTUALIZACIONES:

- Cambiar Contraseñas Predeterminadas: Reemplazar las contraseñas predeterminadas del usuario pi es esencial para evitar accesos no autorizados.
- Configuración de un Cortafuegos: Instala y configura un cortafuegos para restringir el acceso a los puertos y servicios no necesarios.
- Actualizaciones Periódicas: Asegura que el sistema operativo y las aplicaciones estén actualizados, utilizando sudo apt update && sudo apt upgrade regularmente.

4. RESPALDOS Y REDUNDANCIA:

- Respaldos Frecuentes: Realiza copias de seguridad frecuentes de la tarjeta SD o del sistema completo para evitar la pérdida de datos importantes.
- Redundancia de Hardware: Considera tener un hardware de respaldo para reemplazar la Raspberry Pi rápidamente si falla.

Siguiendo estas mejores prácticas, se puede mejorar significativamente la eficiencia, la seguridad y la longevidad de la Raspberry Pi. Esto garantizará que funcione de manera óptima en sistemas IoT y de automatización, asegurando un rendimiento constante y seguro.

VI. APLICACIONES AVANZADAS

La aplicación de sistemas avanzados en automatización e IoT ha permitido a las empresas y desarrolladores mejorar la eficiencia, seguridad y sostenibilidad de sus operaciones. Las aplicaciones avanzadas implican la integración de tecnologías como inteligencia artificial (IA), aprendizaje automático (machine learning), y redes IoT escalables, dando lugar a una nueva generación de soluciones que abordan desafíos complejos en diferentes sectores.

La inteligencia artificial ha demostrado ser una herramienta poderosa para el reconocimiento de patrones, la predicción de eventos futuros y la toma de decisiones automatizada. Su uso en sistemas IoT ha permitido que los dispositivos recopilen datos en tiempo real y respondan de manera autónoma a condiciones cambiantes. Por ejemplo, los algoritmos de aprendizaje automático analizan el rendimiento de los equipos industriales para prever fallas antes de que ocurran, reduciendo así el tiempo de inactividad y los costos asociados. En la gestión de ciudades inteligentes, la IA se utiliza para optimizar el flujo de tráfico, controlar la iluminación y monitorear la seguridad en áreas urbanas.

Otro aspecto crucial es la creación de redes IoT escalables, diseñadas para gestionar un creciente número de dispositivos conectados y proporcionar una transmisión fiable de datos en tiempo real. En la agricultura, estas redes conectan sensores en el campo para recopilar información sobre las condiciones del suelo y el clima, permitiendo ajustar el riego y el uso de fertilizantes. En las ciudades inteligentes, las redes IoT gestionan sistemas de transporte, recolección de residuos y control ambiental, mejorando la calidad de vida de los residentes y optimizando los recursos disponibles. Además, el monitoreo ambiental ha permitido identificar patrones de contaminación, facilitando la implementación de políticas para reducir el impacto ambiental.

La seguridad también es una prioridad en aplicaciones avanzadas. Las redes IoT escalables requieren estrategias para asegurar la privacidad de los datos y prevenir ataques. La autenticación, el cifrado y el control de acceso ayudan a proteger los sistemas de intrusos, mientras que la segmentación de las redes permite reducir el impacto en caso de una violación de seguridad.

Las aplicaciones avanzadas están transformando múltiples sectores. En la industria, la automatización inteligente ayuda a optimizar la cadena de suministro y mejorar la calidad del producto. En la salud, los dispositivos portátiles monitorean constantemente el bienestar de los pacientes, permitiendo intervenciones tempranas. En la agricultura, las tecnologías de precisión reducen el uso de recursos y maximizan la productividad.

En resumen, las aplicaciones avanzadas de IoT y automatización, impulsadas por la inteligencia artificial y las redes escalables, ofrecen soluciones innovadoras para los desafíos actuales. La flexibilidad, seguridad y capacidad de respuesta de estas tecnologías están impulsando la transformación digital en sectores clave de la economía global.

A continuación profundizamos en las estrategias para aprovechar al máximo estas tecnologías.

Integración de la Inteligencia Artificial

La inteligencia artificial (IA) está cambiando el panorama de la automatización, permitiendo que las máquinas reconozcan patrones y tomen decisiones informadas basadas en grandes volúmenes de datos. La integración de IA en sistemas IoT puede abordar las siguientes áreas:

RECONOCIMIENTO DE PATRONES:

- Análisis Predictivo: Los algoritmos pueden identificar patrones en datos históricos y predecir comportamientos futuros, permitiendo un mantenimiento preventivo de equipos industriales.
- Detección de Anomalías: Los sistemas de IA pueden comparar los datos actuales con patrones normales, generando alertas cuando detectan desviaciones inusuales.

VISIÓN ARTIFICIAL:

- Reconocimiento de Imágenes: Los modelos de visión artificial permiten a los sistemas identificar objetos, personas o condiciones específicas, ayudando en la gestión de seguridad, control de calidad o seguimiento de activos.
- Clasificación: Los sistemas pueden clasificar productos según estándares predefinidos, mejorando la eficiencia de las líneas de producción.

PROCESAMIENTO DE LENGUAJE NATURAL:

- Chatbots y Asistentes Virtuales: Los asistentes virtuales pueden interpretar comandos y preguntas, ofreciendo respuestas o ejecutando acciones.
- Análisis de Texto: La IA puede analizar comentarios o retroalimentación para identificar áreas de mejora.

Crear Redes IoT Escalables

El diseño de redes IoT escalables es esencial para soportar la expansión de aplicaciones complejas en diferentes sectores:

AGRICULTURA:

- Monitoreo de Cultivos: Los sensores en el suelo y las plantas pueden recopilar datos sobre humedad, temperatura, pH y más, ayudando a los agricultores a optimizar el riego y la fertilización.
- Control de Plagas: Las cámaras y sensores pueden identificar patrones que indiquen la presencia de plagas, permitiendo actuar antes de que dañen la cosecha.
- Gestión de Recursos Hídricos: Las redes IoT pueden monitorear el nivel de los reservorios y ajustar automáticamente el riego.

CIUDADES INTELIGENTES:

- Gestión de Tráfico: Los sistemas de monitoreo pueden coordinar semáforos y desviar vehículos para reducir la congestión.
- Seguridad: Cámaras conectadas a redes IoT pueden alertar a la policía de actividades sospechosas, mejorando la seguridad pública.
- Iluminación Pública: La iluminación en las calles puede ajustarse según el tránsito y la luz natural, reduciendo el consumo energético.

MONITOREO AMBIENTAL:

- Calidad del Aire: Los sensores pueden monitorear contaminantes en áreas urbanas y ofrecer información para reducir la exposición.
- Cambio Climático: Las estaciones meteorológicas conectadas recopilan datos para detectar tendencias climáticas y estudiar el impacto del cambio climático.
- Gestión de Residuos: Los sensores en los contenedores optimizan las rutas de recolección.

En resumen, las aplicaciones avanzadas de IA e IoT ofrecen un enfoque holístico para abordar problemas complejos, mejorando la eficiencia y la adaptabilidad de múltiples sectores a través de la toma de decisiones informada y la expansión de redes escalables.

Seguridad en Aplicaciones IoT

La seguridad en las aplicaciones IoT es un aspecto crítico que requiere atención especial debido al gran número de dispositivos conectados y la diversidad de datos sensibles que se manejan. El compromiso de un dispositivo o red puede tener consecuencias significativas en la operación de sistemas automatizados, infraestructura crítica, o la privacidad de los usuarios. A continuación, se detallan los principales desafíos de seguridad y las estrategias más efectivas para mitigar los riesgos:

PRINCIPALES DESAFÍOS DE SEGURIDAD:

- Superficie de Ataque Ampliada: Con un gran número de dispositivos conectados, cada uno representa un posible punto de acceso no autorizado. Los atacantes pueden aprovechar vulnerabilidades individuales para acceder a toda la red.
- Dispositivos con Recursos Limitados: Muchos dispositivos IoT tienen capacidades limitadas de procesamiento y memoria, lo que hace difícil implementar protocolos de seguridad complejos.
- Privacidad de los Datos: Los dispositivos recopilan información sensible, como datos de salud, ubicación o patrones de uso, que podrían ser explotados si se filtran.

- Actualizaciones y Parcheo: Los dispositivos a menudo no reciben actualizaciones de seguridad periódicas, dejando las vulnerabilidades sin corregir.

ESTRATEGIAS DE SEGURIDAD PARA APLICACIONES IOT:

- Autenticación Fuerte: Implementar un mecanismo de autenticación robusto para cada dispositivo, utilizando credenciales únicas, autenticación de múltiples factores o certificados digitales.
- Encriptación de Datos: Cifrar los datos tanto en tránsito como en reposo para protegerlos de accesos no autorizados. Esto incluye datos enviados entre dispositivos, pasarelas y servidores.
- Control de Acceso: Limitar el acceso a dispositivos y sistemas según los roles y necesidades de cada usuario o aplicación, aplicando políticas de "mínimo privilegio".
- Segmentación de la Red: Dividir la red IoT en segmentos más pequeños, aislando los dispositivos críticos para limitar el impacto de un posible ataque.
- Monitoreo y Detección de Anomalías: Implementar sistemas de monitoreo que detecten patrones inusuales o sospechosos en el tráfico de la red, activando alertas para posibles ataques.
- Actualizaciones Regulares: Asegurarse de que los dispositivos reciban actualizaciones y parches de

seguridad periódicamente para corregir vulnerabilidades conocidas.
- Educación y Conciencia: Capacitar a los usuarios y desarrolladores sobre las mejores prácticas de seguridad, como evitar el uso de contraseñas predeterminadas, mantener las credenciales seguras y ser conscientes de los riesgos.

La implementación de estas estrategias puede reducir significativamente los riesgos y fortalecer la seguridad de las aplicaciones IoT, proporcionando una base más sólida para desarrollar soluciones avanzadas.

Interoperabilidad y Estandarización

La interoperabilidad y la estandarización son elementos clave para el éxito de cualquier proyecto IoT. A medida que el ecosistema IoT crece con una diversidad de dispositivos, fabricantes y plataformas, asegurar que todos los componentes puedan comunicarse entre sí de manera efectiva es esencial. Sin estas bases, el desarrollo de sistemas complejos se ve limitado y la adopción a gran escala se vuelve más desafiante.

IMPORTANCIA DE LA INTEROPERABILIDAD:

La interoperabilidad es la capacidad de diferentes sistemas, dispositivos y aplicaciones para intercambiar información de manera efectiva. Esta capacidad proporciona varios beneficios:

- Conectividad Transparente: Permite que los dispositivos de diferentes fabricantes se conecten y funcionen juntos, creando una red más flexible y fácil de expandir.
- Integración de Datos: Facilita la recopilación y el análisis de datos provenientes de diversas fuentes, proporcionando una visión más completa y útil para la toma de decisiones.
- Reducción de Costos: Los desarrolladores no necesitan diseñar soluciones específicas para cada marca o plataforma, reduciendo el tiempo y los costos de desarrollo.

- Escalabilidad: Hace que sea más sencillo añadir nuevos dispositivos o servicios a la red, permitiendo que el sistema crezca de manera orgánica.

ESTANDARIZACIÓN EN IOT:

La estandarización implica definir normas y especificaciones que los fabricantes y desarrolladores deben seguir para asegurar la interoperabilidad. Algunos de los estándares más relevantes incluyen:

- Protocolos de Comunicación: Protocolos como MQTT, CoAP, Zigbee y LoRaWAN definen cómo se transmiten los datos entre dispositivos para asegurar una comunicación eficiente y segura.
- Formatos de Datos: El uso de formatos de datos comunes, como JSON y XML, facilita el intercambio de información entre dispositivos y plataformas.
- Seguridad: Establecer estándares de seguridad para encriptación, autenticación y control de acceso ayuda a proteger los sistemas IoT.
- Modelos de Información: Definir modelos de información estándar permite que las aplicaciones interpreten los datos de manera coherente, sin importar su origen.

EJEMPLOS DE ORGANIZACIONES Y MARCOS DE TRABAJO:

- AllSeen Alliance: Desarrolla estándares para la interoperabilidad en dispositivos conectados, como electrodomésticos, sensores y aplicaciones.
- Open Connectivity Foundation (OCF): Busca simplificar la interoperabilidad entre dispositivos IoT mediante especificaciones y un marco de seguridad unificado.
- OneM2M: Establece una plataforma para desarrollar servicios IoT escalables en múltiples industrias, como salud, transporte y energía.

La interoperabilidad y la estandarización proporcionan la base necesaria para el desarrollo y crecimiento de aplicaciones IoT efectivas. Al seguir estas normas, los fabricantes y desarrolladores pueden crear soluciones que sean flexibles, eficientes y seguras, acelerando la adopción de sistemas conectados en diferentes sectores.

Análisis de Datos y Visualización

El análisis de datos y la visualización son esenciales en sistemas IoT para traducir la gran cantidad de información generada por dispositivos conectados en conocimiento útil y procesable. Al comprender patrones, identificar anomalías, y tomar decisiones basadas en datos, las organizaciones pueden mejorar la eficiencia, reducir costos, y aprovechar oportunidades para optimizar sus operaciones.

IMPORTANCIA DEL ANÁLISIS DE DATOS:

El análisis de datos implica transformar los datos brutos en información significativa. Aquí hay algunos objetivos clave:

- Identificación de Patrones: Reconocer tendencias y comportamientos comunes, como picos de demanda o patrones de uso, ayuda a anticipar necesidades futuras y planificar en consecuencia.
- Detección de Anomalías: Los algoritmos de detección de anomalías ayudan a descubrir comportamientos fuera de lo normal que podrían señalar problemas como fallas en equipos o actividades maliciosas.
- Modelos Predictivos: Los modelos predictivos anticipan eventos futuros basándose en datos históricos. Por ejemplo, predecir el desgaste de una máquina permite el mantenimiento preventivo.

- Optimización de Procesos: El análisis ayuda a identificar cuellos de botella y áreas de mejora para optimizar la eficiencia y el uso de los recursos.

VISUALIZACIÓN DE DATOS:

La visualización convierte los datos en gráficos, tablas y diagramas que permiten ver patrones y tendencias de un vistazo. Algunas formas comunes de visualización incluyen:

- Gráficos de Líneas: Muestran la evolución de los datos en el tiempo, lo que es útil para ver tendencias o picos estacionales.
- Gráficos de Barras: Comparan datos categóricos para analizar el rendimiento relativo de diferentes segmentos o períodos.
- Mapas de Calor: Representan la concentración de eventos o valores en un área geográfica, mostrando áreas problemáticas o puntos críticos.
- Dashboards Personalizados: Ofrecen una vista unificada de múltiples métricas clave, proporcionando información en tiempo real y un acceso rápido a alertas o datos detallados.

HERRAMIENTAS POPULARES PARA EL ANÁLISIS Y LA VISUALIZACIÓN:

- Power BI: Ofrece paneles interactivos, integración de datos desde múltiples fuentes, y modelos predictivos básicos.
- Grafana: Herramienta de código abierto para conectar diversas bases de datos y crear gráficos, alertas y paneles.
- Thinkspeak: Plataforma en la nube diseñada para datos IoT, proporcionando gráficos personalizables y análisis.

El análisis de datos y la visualización permiten a las organizaciones traducir datos complejos en información comprensible, impulsando la toma de decisiones estratégicas y tácticas. Al adoptar estas prácticas, las empresas pueden identificar oportunidades para mejorar la eficiencia, reducir riesgos y tomar decisiones más informadas.

Integración con Sistemas Externos

La integración con sistemas externos es fundamental para que las aplicaciones avanzadas de IoT puedan interactuar con otras plataformas y servicios, ampliando las capacidades de procesamiento, análisis y gestión. Esta integración mejora el acceso a herramientas avanzadas de procesamiento y proporciona un ecosistema más completo que permite a las organizaciones aprovechar la información generada por dispositivos conectados.

BENEFICIOS DE LA INTEGRACIÓN CON SISTEMAS EXTERNOS:

Reunir datos de múltiples fuentes en una única plataforma permite un análisis más profundo y completo. Esto proporciona una visión más clara del estado y el rendimiento de los sistemas.

Integrar sistemas permite automatizar flujos de trabajo. Por ejemplo, al conectar sistemas de IoT con sistemas de gestión de inventario, se puede ajustar automáticamente el suministro de materiales en función de la demanda.

Plataformas externas suelen ofrecer herramientas de análisis avanzadas que superan las capacidades locales, permitiendo un procesamiento más rápido y una comprensión más profunda de los datos.

Los sistemas externos, especialmente en la nube, permiten escalar rápidamente para soportar una mayor cantidad de datos sin tener que invertir en infraestructura.

PRINCIPALES ÁREAS DE INTEGRACIÓN:

- Plataformas en la Nube: Conectar aplicaciones IoT a servicios en la nube como AWS IoT, Microsoft Azure o Google Cloud proporciona acceso a herramientas de procesamiento, almacenamiento y análisis de datos.
- Sistemas de Gestión Empresarial: Los sistemas de planificación de recursos empresariales (ERP) y de gestión de relaciones con el cliente (CRM) permiten alinear los datos operativos con las estrategias comerciales.
- Herramientas de Análisis y Visualización: Soluciones como Power BI, Grafana y Tableau se integran con fuentes de datos IoT para generar informes detallados, gráficos, y modelos predictivos.
- APIs y Webhooks: Las APIs permiten a las aplicaciones intercambiar datos y comandos, mientras que los webhooks permiten que un sistema envíe datos a otro tan pronto como se produzca un evento específico.

MEJORES PRÁCTICAS PARA LA INTEGRACIÓN:

- Definir Objetivos Claros: Identificar los datos específicos y las funciones que deben intercambiarse entre los sistemas para evitar la duplicación de información.
- Asegurar la Compatibilidad: Comprobar que los formatos de datos sean compatibles y que los protocolos de comunicación funcionen correctamente.
- Proteger la Seguridad: Asegurarse de que las conexiones sean seguras, implementando autenticación, cifrado y control de acceso para proteger los datos en tránsito.
- Monitorear y Evaluar: Monitorear el rendimiento de la integración para detectar cuellos de botella y optimizar el flujo de datos.

La integración con sistemas externos fortalece la capacidad de las aplicaciones IoT para proporcionar información y controlar procesos en un contexto más amplio. Esta integración mejora la eficiencia, la flexibilidad y la colaboración, permitiendo a las organizaciones tomar decisiones más informadas y responder con rapidez a los cambios en el entorno operativo.

VII. PROYECTOS PRÁCTICOS

La construcción de proyectos prácticos representa un paso crucial en la transformación del conocimiento teórico en habilidades tangibles. Mediante la implementación de sistemas que resuelven problemas específicos, se exploran y aplican múltiples tecnologías, mejorando la comprensión de cómo operan los componentes electrónicos, la programación y los procesos de automatización. Esto no solo proporciona un espacio para la experimentación, sino que también permite obtener prototipos funcionales que pueden escalarse para aplicaciones comerciales.

Un proyecto práctico comienza con la identificación de un problema o una necesidad a abordar. Puede tratarse de mejorar la seguridad del hogar mediante un sistema de cámaras y sensores que detecte movimientos inusuales, o de un robot que entregue productos en una línea de producción. Una vez que se identifica el objetivo, se seleccionan los componentes y herramientas más adecuados, como microcontroladores, sensores, actuadores y software especializado.

La planificación es fundamental, ya que ayuda a definir los pasos a seguir para lograr el resultado deseado. Esto incluye el diseño del hardware, la programación del software, la integración de los componentes y las pruebas finales para garantizar la funcionalidad. La documentación también es esencial, permitiendo que otros desarrolladores comprendan el proceso y puedan replicar o mejorar el proyecto.

A través de la programación y configuración de los componentes, se consigue un mayor entendimiento de cómo interactúan los diferentes dispositivos, desde los sensores hasta las placas de control. Esto ayuda a refinar las habilidades técnicas y a descubrir soluciones creativas a los desafíos que se presenten.

Los proyectos prácticos también sirven como un banco de pruebas para nuevas ideas. Al experimentar con diferentes enfoques, es posible identificar estrategias efectivas para la automatización, el control remoto, o la recopilación de datos. Las soluciones desarrolladas pueden adaptarse para abordar problemas similares en otros contextos, proporcionando así un marco versátil.

Finalmente, el valor de un proyecto práctico radica en su capacidad para mostrar resultados tangibles. Prototipos funcionales pueden presentarse a inversores, clientes o colegas para demostrar el potencial de la tecnología, obteniendo así respaldo para llevar la idea a una escala mayor. Además, el proceso mismo de desarrollar proyectos mejora la capacidad para gestionar los desafíos técnicos y crear productos innovadores que resuelvan necesidades reales.

Este tipo de proyectos fomentan la creatividad, impulsando la innovación en la aplicación de tecnología para abordar nuevos desafíos. Los proyectos pueden ser utilizados como prototipos que, una vez probados, pueden adaptarse para soluciones comerciales.

Los proyectos prácticos constituyen un puente entre la teoría y la aplicación, brindando a los desarrolladores un campo fértil para experimentar, mejorar habilidades y crear soluciones que impulsen la automatización y la robótica hacia nuevos niveles de innovación.

A continuación, presentamos una serie de proyectos prácticos que ayudarán al entusiasta a mejorar sus habilidades en automatización y robótica, proporcionando aplicaciones concretas que combinan la teoría con la práctica. Estos proyectos abordan una variedad de campos, desde la seguridad hasta el control de iluminación, robots y automatización industrial.

Sistemas de Seguridad Automatizados

Los sistemas de seguridad automatizados representan una solución tecnológica avanzada que protege hogares y negocios, permitiendo a los usuarios supervisar y controlar el acceso a sus propiedades. Aquí se muestra cómo desarrollar un proyecto paso a paso para un sistema de seguridad que involucra cámaras, sensores y notificaciones en tiempo real.

Componentes Clave:

- Cámara de Seguridad: Se necesita una cámara que pueda capturar video en tiempo real, preferiblemente con visión nocturna para un monitoreo constante.
- Sensores de Puertas y Ventanas: Los sensores de contacto detectan si las puertas o ventanas han sido abiertas.
- Sensor de Movimiento: Un sensor PIR (Infrarrojo Pasivo) puede identificar movimiento en áreas sensibles.
- Placa de Control: Puede ser un microcontrolador como Arduino o Raspberry Pi, que recibirá las señales de los sensores y enviará notificaciones.
- Software de Notificación: Software que envíe notificaciones por correo electrónico o SMS cuando se detecte movimiento o intrusión.

Paso a Paso para Desarrollar el Sistema:

- Diseño del Esquema: Planificar dónde se ubicarán las cámaras y sensores para cubrir todas las áreas críticas, como puertas de entrada, ventanas y pasillos.

- Configuración del Hardware: Conectar los sensores de contacto a puertas y ventanas, los sensores de movimiento en pasillos, y las cámaras en áreas estratégicas. Asegurarse de que los sensores se comuniquen correctamente con la placa de control.
- Programación de la Placa de Control: Escribir el código necesario para la placa de control que detecte las señales de los sensores y active las cámaras cuando corresponda. Configurar el software para enviar alertas cuando se detecte una intrusión.
- Configuración de Notificaciones: Integrar la placa de control con servicios de correo electrónico o SMS para enviar alertas al usuario. Incluir una función para activar una sirena o notificar a las autoridades si es necesario.
- Pruebas y Ajustes: Probar el sistema para asegurarse de que todas las cámaras y sensores funcionen correctamente. Ajustar la sensibilidad de los sensores de movimiento para evitar falsos positivos.
- Interfaz de Usuario: Crear una interfaz simple para que el usuario pueda supervisar el sistema desde un teléfono o computadora. Incluir la opción de activar o desactivar el sistema de forma remota.

Estos sistemas de seguridad automatizados son flexibles y escalables, permitiendo a los usuarios personalizar la protección de sus propiedades de acuerdo con sus necesidades específicas.

Control de Iluminación Inteligente

Los sistemas de control de iluminación inteligente son excelentes para ahorrar energía, aumentar la comodidad, y mejorar la seguridad en los hogares y oficinas. Permiten que las luces se enciendan, apaguen, o ajusten su brillo automáticamente según la presencia de personas, la luz ambiental, o incluso a través del control remoto desde un teléfono. Aquí se describe cómo desarrollar un proyecto paso a paso para un sistema de iluminación inteligente.

Componentes Clave:

- Sensores de Movimiento: Detectan la presencia de personas en una habitación para activar o desactivar las luces.
- Sensores de Luz: Miden la cantidad de luz ambiental y ajustan las luces en consecuencia.
- Controlador: Un microcontrolador como Arduino o ESP32 puede procesar las señales de los sensores y activar las luces.
- Relés: Los relés controlan el circuito eléctrico que enciende o apaga las luces.
- Software de Control Remoto: Aplicaciones que permitan controlar el sistema desde un teléfono móvil o una computadora.

Paso a Paso para Desarrollar el Sistema:

- Diseño del Sistema: Planificar dónde se ubicarán los sensores de movimiento y de luz para que cubran todas las áreas importantes. Identificar las luces que se conectarán al sistema.

- Instalación del Hardware: Conectar los sensores de movimiento y luz al microcontrolador. Instalar los relés entre el microcontrolador y el circuito de las luces para permitir el control de encendido y apagado.
- Programación del Microcontrolador: Programar el controlador para interpretar las señales de los sensores y enviar señales de encendido/apagado a los relés. Ajustar los umbrales de luz ambiental para que las luces solo se activen cuando sea necesario.
- Integración con el Control Remoto: Configurar la conectividad para que el sistema pueda ser controlado remotamente desde un teléfono o computadora. Proporcionar una interfaz simple que permita al usuario activar, desactivar, o ajustar las luces manualmente.
- Pruebas y Ajustes: Probar el sistema en diferentes condiciones para asegurarse de que los sensores respondan de manera precisa. Ajustar la sensibilidad de los sensores de movimiento para evitar falsos positivos.
- Funciones Adicionales: Implementar características como temporizadores para encender o apagar las luces a horas específicas. Agregar alertas o notificaciones en caso de que una luz esté encendida por un tiempo prolongado.

Estos sistemas pueden adaptarse para controlar múltiples luces en diferentes habitaciones, permitiendo que los usuarios personalicen la iluminación de acuerdo con sus necesidades y preferencias.

Robots Seguidores de Líneas

Los robots seguidores de líneas son una forma emocionante de introducirse en la robótica autónoma. Utilizan sensores para seguir una línea marcada en el suelo, tomando decisiones para mantenerse en el camino correcto y evitar obstáculos. Este proyecto es ideal para quienes desean aprender sobre sensores, controladores, y algoritmos de navegación. Aquí se explica cómo desarrollar un robot seguidor de líneas.

Componentes Clave:

- Chasis del Robot: El chasis debe ser lo suficientemente grande para alojar todos los componentes, como la placa de control y las baterías.
- Motores y Controladores de Motor: Motores de corriente continua (DC) que permitan controlar la dirección y velocidad del robot. Los controladores de motor regulan el flujo de energía que alimenta a los motores.
- Sensores de Línea: Sensores infrarrojos que detectan la línea a seguir. Se colocan en la parte inferior del chasis.
- Placa de Control: Un microcontrolador, como Arduino o Raspberry Pi, que procese los datos de los sensores y controle los motores.
- Baterías: Fuentes de energía que proporcionen suficiente duración para las pruebas.

Paso a Paso para Desarrollar el Sistema:

- Montaje del Chasis: Ensamblar el chasis del robot y montar los motores, ruedas, y sensores de línea en la parte inferior.
- Conexión de los Motores: Conectar los motores al controlador de motor para permitir el control de dirección y velocidad.
- Integración de la Placa de Control: Colocar la placa de control en el chasis y conectarla al controlador de motor y a los sensores.
- Programación de la Placa de Control: Escribir el código que interpreta las señales de los sensores de línea y envía comandos al controlador de motor. Configurar el algoritmo de navegación para que el robot siga la línea en función de los datos del sensor.
- Pruebas y Calibración: Probar el robot en un entorno controlado con líneas pintadas en el suelo. Ajustar la sensibilidad de los sensores y los parámetros de velocidad para mejorar la precisión.
- Optimización: Mejorar el algoritmo de control para que el robot siga la línea de forma más eficiente, evite obstáculos y responda rápidamente a los cambios en la trayectoria.

Este proyecto proporciona una excelente introducción a la robótica móvil, ayudando a comprender cómo los sensores y los algoritmos pueden trabajar juntos para permitir la navegación autónoma.

Estaciones Meteorológicas Automatizadas

Las estaciones meteorológicas automatizadas permiten monitorear variables ambientales, como temperatura, humedad y presión, proporcionando datos útiles para una variedad de aplicaciones. Este proyecto es ideal para quienes desean construir un sistema que recolecte y transmita datos en tiempo real, ayudando a pronosticar el clima, planificar la agricultura, o controlar la calidad ambiental. A continuación, se explica cómo desarrollar un proyecto paso a paso.

Componentes Clave:

- Sensores Meteorológicos: Sensores para medir variables como temperatura, humedad, presión atmosférica, y niveles de lluvia o luz solar.
- Placa de Control: Un microcontrolador como Arduino o Raspberry Pi que procese las señales de los sensores.
- Módulo de Comunicación: Un módulo WiFi o GSM que permita transmitir datos a una plataforma en la nube o a un servidor local.
- Fuente de Alimentación: Baterías o un panel solar que provea energía para la estación, asegurando un funcionamiento continuo.
- Software de Registro: Aplicación que recopile, organice, y transmita los datos a una base de datos o servidor.

Paso a Paso para Desarrollar el Sistema:

- Selección de Sensores: Elegir sensores que sean adecuados para las condiciones climáticas de tu región y el propósito del monitoreo.
- Conexión de los Sensores: Conectar los sensores al microcontrolador y asegurarse de que estén calibrados para proporcionar mediciones precisas.
- Programación del Microcontrolador: Escribir el código que interprete las señales de los sensores y procese los datos en un formato adecuado para su transmisión.
- Integración del Módulo de Comunicación: Configurar el módulo WiFi o GSM para que transmita los datos a una base de datos, una aplicación en la nube, o un servidor.
- Registro y Visualización de Datos: Desarrollar o integrar una aplicación que organice los datos de forma clara, permitiendo al usuario acceder a gráficos y reportes en tiempo real.
- Pruebas de Campo: Instalar la estación meteorológica en un entorno al aire libre y probar su funcionamiento durante diferentes condiciones climáticas.
- Optimización: Ajustar los intervalos de muestreo, mejorar la calibración de los sensores, y optimizar la transmisión para ahorrar energía.

Las estaciones meteorológicas automatizadas brindan datos valiosos que pueden ser utilizados para monitorear el cambio climático, mejorar la gestión agrícola o evaluar la calidad ambiental.

Visión Artificial y Reconocimiento de Objetos

Los sistemas de visión artificial permiten el reconocimiento de patrones, objetos o personas, utilizando cámaras y algoritmos avanzados. Este tipo de proyecto es excelente para quienes desean aprender sobre cómo las imágenes se pueden procesar automáticamente para diversas aplicaciones, como la clasificación de productos en líneas de producción o el monitoreo de áreas restringidas. Aquí hay una guía paso a paso para desarrollar un proyecto de visión artificial.

Componentes Clave:

- Cámara: Se necesita una cámara de calidad que capture imágenes en tiempo real, ya sea conectada vía USB o un módulo compatible con la placa de control.
- Placa de Control: Una Raspberry Pi, Jetson Nano o un microcontrolador potente que pueda procesar imágenes capturadas.
- Software de Procesamiento de Imágenes: Bibliotecas como OpenCV para procesar las imágenes y aplicar algoritmos de reconocimiento de objetos.
- Modelo Preentrenado: Modelos entrenados previamente con conjuntos de datos específicos, que ayuden a identificar objetos comunes.
- Fuente de Alimentación: Una batería o fuente de energía que proporcione un suministro continuo.

Paso a Paso para Desarrollar el Sistema:

- Configuración del Hardware: Conectar la cámara a la placa de control, asegurando que la cámara esté posicionada para capturar imágenes en el entorno deseado.
- Instalación del Software: Instalar OpenCV u otro software de procesamiento de imágenes en la placa de control. Asegurarse de que el software esté configurado correctamente para procesar las imágenes capturadas.
- Desarrollo del Código de Procesamiento: Escribir el código para capturar imágenes en tiempo real y aplicar algoritmos de procesamiento, como el filtro de bordes o la detección de movimiento.
- Implementación del Modelo Preentrenado: Cargar un modelo preentrenado que pueda identificar los objetos de interés, como vehículos, personas, o productos en una línea de producción.
- Programación de Respuestas: Definir las acciones que debe tomar el sistema al identificar un objeto. Por ejemplo, enviar alertas, activar una alarma, o registrar el evento.
- Pruebas y Calibración: Probar el sistema con diferentes tipos de objetos para asegurarse de que el modelo detecte y clasifique correctamente. Ajustar los parámetros de procesamiento para reducir los falsos positivos.
- Optimización: Implementar mejoras para el reconocimiento en tiempo real, como la reducción del tiempo de procesamiento y la optimización de los modelos.

Este proyecto brinda experiencia práctica en visión artificial y procesamiento de imágenes, ayudando a comprender cómo los algoritmos pueden identificar patrones complejos para diversas aplicaciones.

Automatización de Procesos Industriales

Los sistemas de automatización de procesos industriales son cruciales para mejorar la eficiencia, reducir costos y mantener la calidad en las cadenas de producción. La creación de estos sistemas implica controlar maquinaria, recopilar datos de operación, y tomar decisiones en tiempo real para optimizar la producción. A continuación, una guía paso a paso para desarrollar un proyecto de automatización industrial.

Componentes Clave:

- Controlador Lógico Programable (PLC): Un PLC se encarga de recibir señales de entrada de los sensores, procesar la lógica de control y enviar señales a los actuadores.
- Sensores Industriales: Sensores para medir la temperatura, presión, nivel, flujo o posición, según la aplicación.
- Actuadores: Dispositivos que ejecutan las acciones, como válvulas, motores eléctricos, o cilindros neumáticos.
- Panel de Operación (HMI): Una interfaz gráfica que permita a los operadores monitorear el sistema y realizar ajustes.
- Red de Comunicación: Protocolos como Modbus, Profibus o Ethernet/IP para transmitir datos entre el PLC, los sensores y la interfaz HMI.

Paso a Paso para Desarrollar el Sistema:

- Diseño del Proceso: Identificar los puntos de control en la cadena de producción, como temperaturas críticas, niveles de llenado o velocidades de producción.

- Instalación de los Sensores y Actuadores: Instalar los sensores en los puntos críticos para medir las variables clave del proceso. Asegurar que los actuadores estén correctamente conectados al sistema de control.
- Programación del PLC: Escribir el programa que defina la lógica de control para gestionar las señales de entrada de los sensores y controlar los actuadores. Configurar los límites de operación y las alarmas para detectar condiciones anormales.
- Configuración de la Interfaz HMI: Crear una interfaz gráfica que muestre el estado de las variables, como temperaturas o niveles. Incluir botones o controles que permitan ajustar el proceso manualmente.
- Integración de la Red de Comunicación: Configurar el protocolo de comunicación entre el PLC, la HMI y cualquier otro sistema para asegurar que los datos se transmitan correctamente.
- Pruebas de Operación: Probar el sistema para asegurarse de que los sensores, actuadores y la lógica de control funcionen correctamente. Ajustar la sensibilidad de los sensores o la lógica del PLC para optimizar el proceso.
- Optimización: Implementar mejoras en la lógica de control, la precisión de los sensores o la interfaz gráfica para lograr un proceso más eficiente.

Este tipo de proyecto proporciona una comprensión completa de cómo la automatización puede mejorar los procesos industriales, permitiendo una mayor eficiencia y una toma de decisiones informada basada en datos en tiempo real.

Todos estos proyectos prácticos ayudan muchísimo a los desarrolladores a comprender cómo crear sistemas inteligentes utilizando cámaras, microcontroladores y herramientas de visión artificial.